预制装配式建筑施工技术系列丛书

预制装配式建筑施工常见问题与防治200例

中国建设教育协会
远大住宅工业集团股份有限公司　主编

中国建筑工业出版社

图书在版编目（CIP）数据

预制装配式建筑施工常见问题与防治200例/中国建设教育协会，远大住宅工业集团股份有限公司主编．—北京：中国建筑工业出版社，2018.5

（预制装配式建筑施工技术系列丛书）

ISBN 978-7-112-22096-0

Ⅰ.①预… Ⅱ.①中… ②远… Ⅲ.①预制结构-装配式构件-工程施工-问题解答 Ⅳ.①TU3-44

中国版本图书馆CIP数据核字(2018)第077343号

本书汇总了长沙远大住宅工业集团二十多年、上千项目历练而来的现场经验技术，总结了适用于现阶段我国装配式建筑施工的相关经验，涵盖了预制装配式建筑施工各流程中常见的200例问题，分别对每一类、每一种工程质量问题的“问题表现及影响、原因分析、防治措施”等进行了详细阐述，并辅以大量的工程做法节点图和现场施工质量问题照片等补充说明。旨在为我国装配式建筑施工技术的发展提供些许有益的参考和借鉴，帮助行业范围内的其他单位更好地了解装配式建筑施工工艺，最终助力预制混凝土装配式建筑产业化与规模化的快速发展。

责任编辑：李　明　李　杰　葛又畅
责任设计：李志立
责任校对：焦　乐

预制装配式建筑施工技术系列丛书
预制装配式建筑施工常见问题与防治200例
中国建设教育协会
远大住宅工业集团股份有限公司　主编

*

中国建筑工业出版社出版、发行（北京海淀三里河路9号）
各地新华书店、建筑书店经销
北京红光制版公司制版
北京市密东印刷有限公司印刷

*

开本：787×1092毫米　1/16　印张：10¾　字数：259千字
2018年6月第一版　2018年6月第一次印刷
定价：**45.00**元
ISBN 978-7-112-22096-0
(31951)

主编单位： 中国建设教育协会

远大住宅工业集团股份有限公司

主　　编： 谭新明

副 主 编： 李海波　张　辉

参　　编： 唐　芬　柳四兵　龙坪峰　童方坪

邓华青　李志宏　黄曙光　向　前

喻晓霞　刘再喜　李　刚　刘美玉

吴　勇　刘　钽　蒋鹏奇　张德春

方　磊　易泽广　陈卫武　梁文科

徐怡昕　刘慧敏　徐　兴

前　言

随着我国经济进入新常态，供给侧结构性改革也步入了加速推进阶段，在这个新的时期，传统建筑业“粗放”、高能耗、高污染的建造模式亟待转型。如何才能降低建造过程中的能耗，如何才能减少施工过程中的污染，如何才能更加高效地组织施工流程，成为新的时代背景下建筑行业需要重点思考的问题。装配式建筑因其节能、环保、高效等特点，成为当下我国各方关注的焦点。中共中央国务院《关于进一步加强城市规划建设管理工作的若干意见》（中发〔2016〕6号）提出，力争用10年左右时间，使装配式建筑占新建建筑面积的比例达到30％。

然而，目前我国装配式建筑的施工工艺尚不健全，施工质量管理体系有待完善，对质量问题及防范措施的研究也多是针对传统式建筑的。国内专家学者针对传统建筑从质量计划预控管理、施工过程质量管理和施工产品质量管理三个方面对建筑工程质量的改进与控制进行了研究并提出建议；从施工、生产、设计、造价、材料五个方面对房屋建筑成因进行分析，说明工程质量管理的必要性，并提出了解决对策。但预制装配式建筑与现浇式建筑在施工工艺方法上有很大区别，传统的对策及建议并不能完全适用于预制装配式建筑。

因此，编者通过梳理长沙远大住宅工业集团二十多年、上千项目历练而来的现场经验技术，总结了适用于现阶段我国预制装配式建筑施工的相关经验，涵盖了预制装配式建筑施工各流程中常见的200例问题，分别对每一类、每一种工程质量问题的“问题表现及影响、原因分析、防治措施”等进行了详细阐述，并辅以大量的工程做法节点图和现场施工质量问题照片等补充说明。

本书图文并茂，内容丰富，通俗易懂，易学易会，可供装配式建筑行业工程技术人员、监理人员使用，也可供高等院校相关专业师生学习参考。旨在为我国装配式建筑施工技术的发展提供些许有益的参考和借鉴，帮助行业范围内的其他单位更好地了解装配式建筑施工工艺，最终助力预制混凝土装配式建筑产业化与规模化的快速发展。

本书编写过程中，借鉴了大量资料，参考了当前国家现行的设计、施工、检验和生产标准，并汲取了多方研究的精华，引用了有关专业书籍的部分数据和资料，在此表示感谢。不过由于时间仓促和能力所限，书中内容必然存在疏漏。特别是当前我国装配式建筑体系发展迅速，相应的规范标准、数据资料，以及相关技术都在不断地推陈出新，加之各地政府的管理措施和不同体系下的施工手段也不尽相同。因此，若是在阅读过程中发现有不足乃至错误之处，也恳请读者提出宝贵的意见与建议。最后，在此向参与本书编撰以及对本书内容有所帮助的各级领导、专家表示最诚挚的感谢！

目　　录

第 1 章　预制装配式建筑施工概述

预制混凝土装配式建筑，是在传统设计完成后进行 PC 构件深化设计，以工厂化的生产代替传统的工地生产方式，充分利用可靠的连接节点，将预制构件拼装组合成建筑物，实现现场施工向工厂化生产的转变，削弱天气环境等因素对施工条件的影响，具有节能、环保、高效等优点。

预制装配式建筑施工以高机械化、装配的生产方式取代劳动力密集型的手工方式，以现代的信息化加数字化管理方式取代传统的项目管理手段。预制装配式建筑发展要求采用全过程系统化思维理念，其形成过程是一个庞大的系统，包含了设计、制造、物流、施工、保修期等多个环节。如果把每个环节认为是一个单元体，不仅每个单元体有独立的工作内容及目的，同时需要把各个独立单元成果融合在一起，最后形成一个大的集成体——预制装配式建筑物。上下单元成果是相斥相融的关系：相融是上单元成果出来后才能进行下单元的工作，相斥是上单元提交的成果质量直接影响下单元质量的品质。其中，设计技术是整个工程实施的龙头，有着重要的牵引作用，影响预制装配式建筑的整体进度、质量品质和成本。传统的设计深度是远远不够的，必须进行深入的 PC 工艺深化设计，即将一个单栋建筑，按装配式规则特点拆分为单个 PC 构件、部品、部件，施工现场按装配式规则特点将这些构件、部品、部件装配上去，使之成为一栋质量优质的建筑物。设计技术的重要性在于根据工程实际要求进行整体设计方案考虑，它是预制装配式建筑的起点，后面的各个环节都是在设计的规则基础上按步骤操作。如果设计技术不够强大，后续的过程会出现出错率偏高、各阶段实施难度大、成本不受控等问题。设计要充分考虑后端构件生产、施工安装的条件，并要为后端工序创造更多有利条件，设计、施工一体化才能有效地解决建设全过程的问题。

预制装配式建筑施工的核心是：工厂制作方法能复制、流水线生产和施工现场高机械化施工。传统施工方法的工程质量主要依赖于班组人的素质，预制装配式建筑工程质量则主要依赖流水线的数控智控系统与生产标准手册；以预制装配式干作业取代传统施工湿作业，工地现场工作环境也得到很大的改善；预制装配式建筑通过适当的处理，使建筑的使用寿命得以延长，同时建筑物的整体品质得到全面提升。

预制装配式建筑的变革，总结为以下五大变革：制作方式由“手工”变为“机械”；场地由“工地”变为“工厂”；做法由“施工”变为“总装”；作业人员由“农民工”变为“产业工人”；由“技术工人”变为“操作工人”。最大限度消除影响因素中人为因素的制约。构件越标准，生产效率越高，相应的构件成本就会下降，配合工厂的数字化管理，整个装配式建筑的性价比会越来越高。

预制装配式建筑需要系统、全面、综合考虑。其体系要融合设计、生产、施工，集成一套项目价值最大化的系统体系。同时还需结合区域气候特点、产业配套资源等现状进一步完善，以提高工程质量、提高建设效率、节约资源、减少排放为目的。要真正做好预制装配式建筑，必须将设计、制造、物流、施工融为一体，每道工序实施的同时，考虑后续操作的可实施性、安全性、效益等因素。

本书以下内容将重点阐述预制装配式建筑施工过程中的施工问题，以施工各阶段问题点为线索，探讨、研究预制混凝土装配式建筑施工技术、预治措施、质量安全管理。

第 2 章　主体工程

2.1　施工准备

【问题 1】PC 构件运输车重，现场施工道路不满足运输要求

问题表现及影响：

施工场内 PC 构件运输车无法正常运输。

原因分析：

PC 构件运输车车重约 30t 至 50t 不等，一般临时施工道路无法满足运输车辆承载力要求。

防治措施：

1. 施工道路宜根据永久道路布置，车载重量参照运输车辆最大载重量，车重加构件约为 50t，道路承载力需满足载重量要求，构件运输车行驶道路一般采用 200mm 厚混凝土做硬化处理。如图 2-1 所示。

2. 根据现场实际情况，也可在夯实的泥土路面依次铺垫 100mm 厚片石层、200mm 厚碎石层，碎石面铺垫 30mm 厚钢板，同时道路两侧做好排水构造设施。如图 2-2 所示。

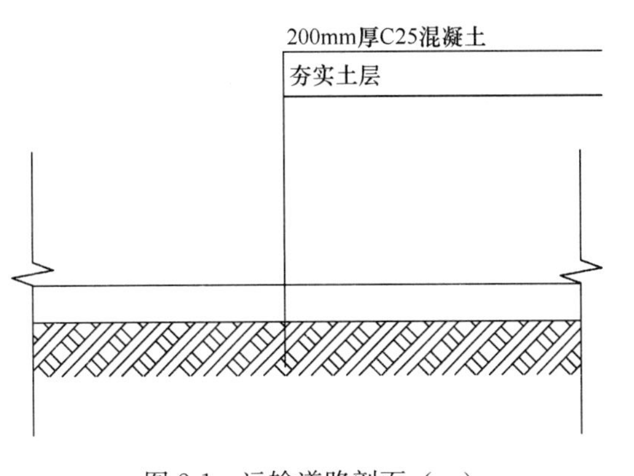

图 2-1　运输道路剖面（一）

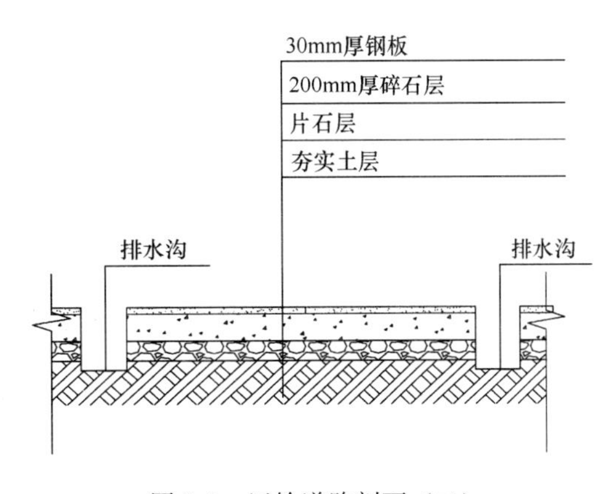

图 2-2　运输道路剖面（二）

【问题 2】PC 构件运输车过长，转弯困难

问题表现及影响：

PC 构件运输车无法在场内顺畅运输。

原因分析：

施工道路转弯半径太小，PC 构件运输车都是 13m 或 17m 的拖车，场地内施展不开。

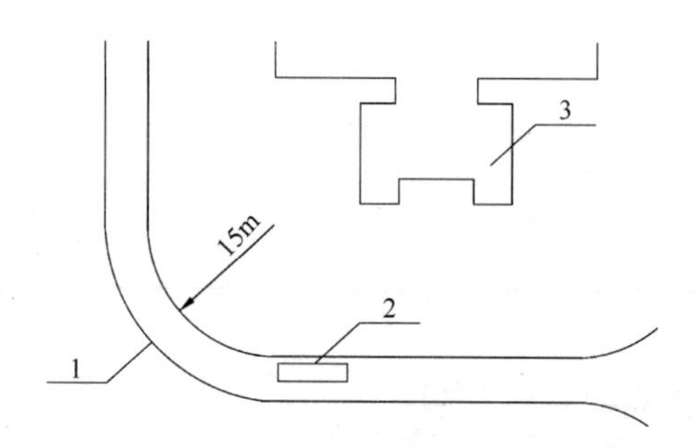

图 2-3　运输道路转弯半径示意
1—转弯道路；2—构件运输车；3—建筑物

防治措施：

根据 PC 构件运输车长，现场布置道路时设计宽度不小于 4m，转弯半径不小于 15m，会车区道路不小于 8m。如图 2-3 所示。

【问题 3】施工大门门头高度低，PC 构件运输车无法进入

问题表现及影响：

工地大门高度偏低，PC 构件运输车进出困难，影响现场供货效率和运输安全。

原因分析：

PC 构件运输车平板高度加竖向构件和构件插筋高度约 4.5～5m，施工现场大门高度低，构件运输车进出困难。

防治措施：

1. 进场通道大门处无坡道时，施工进场大门内净高度 H 不小于 5m。如图 2-4 所示。

2. 进场通道大门处有坡道时，施工进场大门内净高度 H 不小于 6m，道路坡度不大于 15°。如图 2-5 所示。

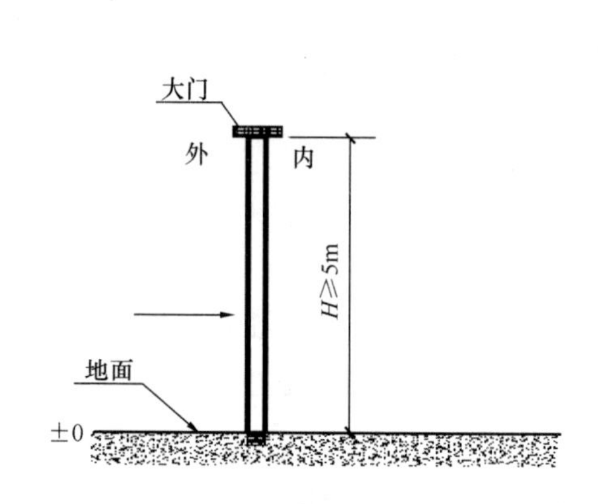

图 2-4　PC 构件运输车进出大门剖面（一）

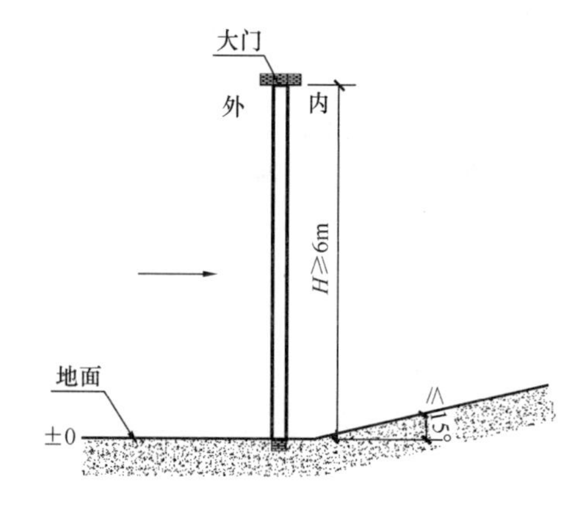

图 2-5　PC 构件运输车进出大门剖面（二）

【问题 4】施工现场大门宽度不够，PC 构件运输车进出难

问题表现及影响：

PC 构件运输车从市政道路进入工地现场，大门宽度偏小，影响现场供货和运输安全。

原因分析：

PC 构件运输车长，现场大门宽度偏小，从市政道路进出施工现场困难。

防治措施：

1. PC 构件运输车从市政道路 90°弯进入现场时，大门宽度应满足以下要求：市政道路最小宽度 B_1 不小于 8m 时，大门宽度 W 不小于 12m，场内道路宽度 B_2 不小于 8m。如图 2-6 所示。

2. 市政道路最小宽度 B_1 不小于 10m 时，大门宽度 W 不小于 9m，场内道路宽度 B_2 不小于 16m。如图 2-7 所示。

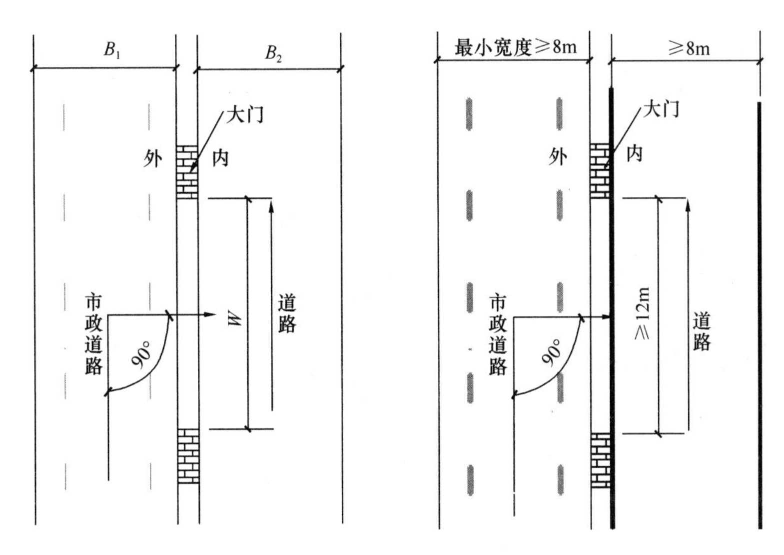

图 2-6　PC 构件运输车进场示意（一）

3. 市政道路和场内道路为同一方向，同时直线段长度不小于 16m：市政道路最小宽度 B_1 不小于 6m 时，大门宽度 W 不小于 6m，场内道路宽度 B_2 不小于 6m。如图 2-8 所示。

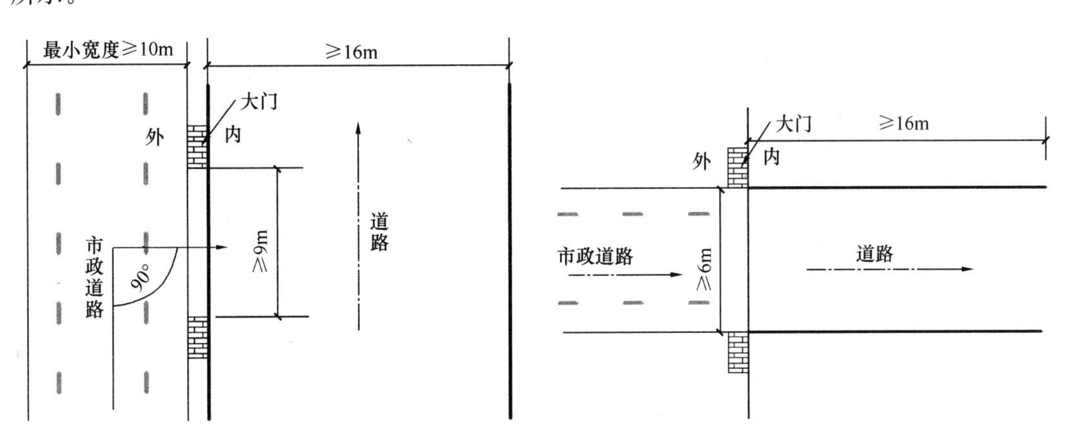

图 2-7　PC 构件运输车进场示意（二）　　图 2-8　PC 构件运输车进场示意（三）

【问题 5】现场施工运输道路坡度大

问题表现及影响：

现场施工道路坡度大，PC 构件运输存在安全隐患。

原因分析：

PC 构件运输车均是平板拖车，构件采用存放架或堆码的方式存放在运输车上，当运输道路坡度太大，构件会从运输车上滑落。

防治措施：

施工现场 PC 构件运输道路坡度布置应满足：施工现场道路坡度不超过 15°，坡道过渡处圆弧半径不小于 15m。如图 2-9、图 2-10 所示。

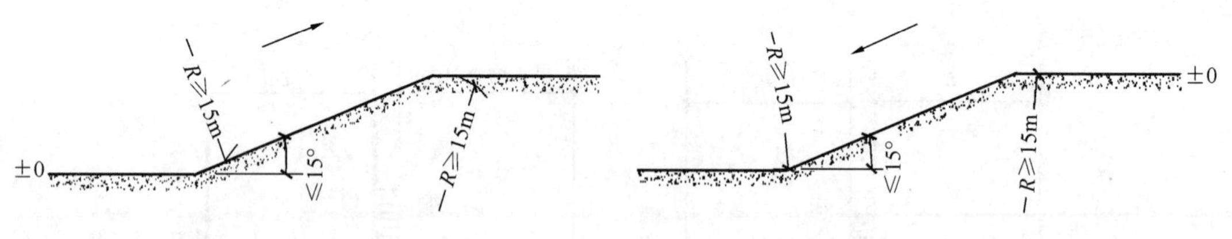

图 2-9　PC 构件运输车行驶道路坡度示意（一）　　图 2-10　PC 构件运输车行驶道路坡度示意（二）

【问题 6】现场施工运输道路窄

问题表现及影响：

施工场内 PC 构件运输道路窄，影响现场 PC 构件运输。

原因分析：

现场布置临时道路时，未充分考虑 PC 构件运输车行驶要求。

防治措施：

根据工地现场运输路线特点，将场内道路分为 4 种类型：直通型、环型、闭环型、截断型。直通型道路宽度不小于 4.5m；环型道路宽度不小于 4.5m；闭环型道路宽度不小于 4.5m，大门处宽度大于 6.5m；截断型道路宽度不小于 6.5m。如图 2-11 所示。

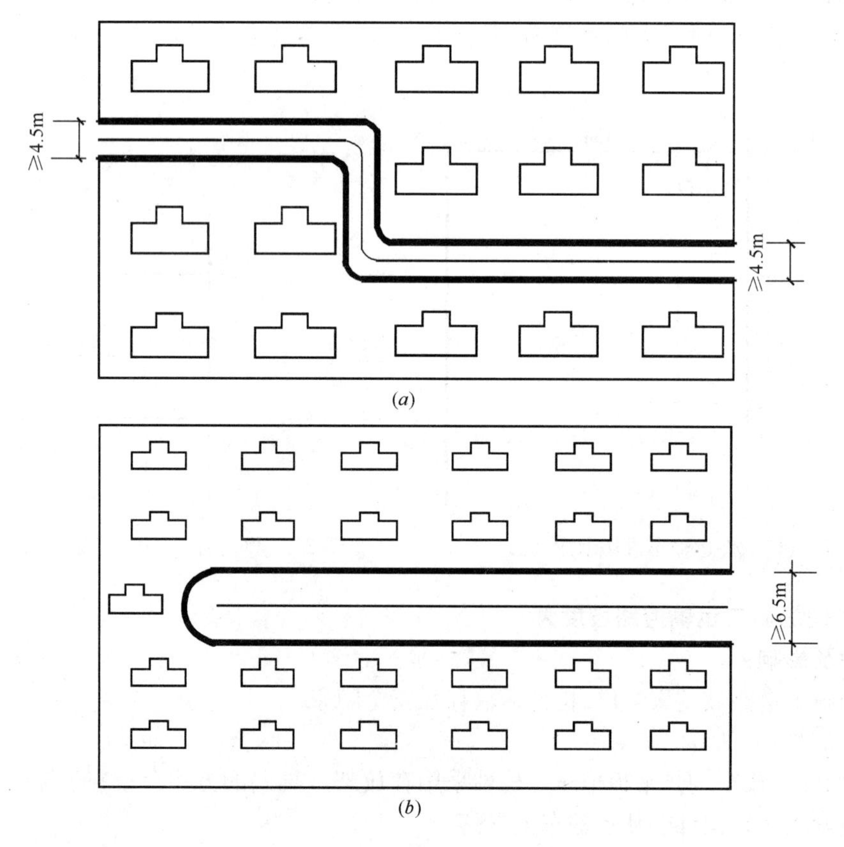

图 2-11　不同类型道路宽度示意

(a) 直通型、环型、闭环型道路宽度；(b) 截断型道路宽度

【问题 7】临建布置时，穿道路架空电线布置低

问题表现及影响：

穿道路架空电线布置低，影响 PC 构件运输行驶。

原因分析：

穿道路架空电线，未充分考虑 PC 构件运输车高度。

防治措施：

1. 现场在施工策划时，应尽量避免电线架空穿线过施工道路，应沿路面或从路下埋设管道穿过。

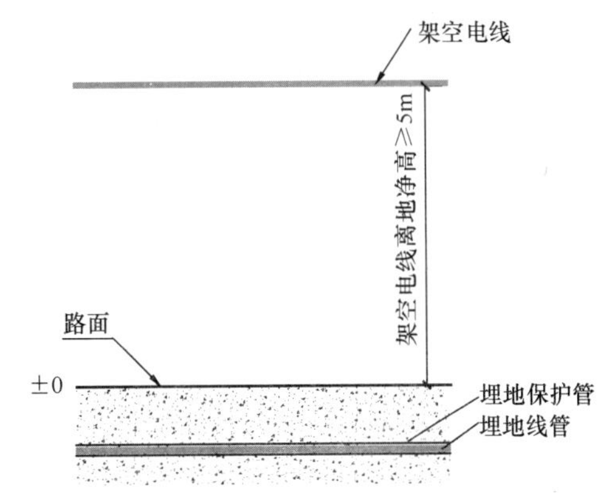

图 2-12 道路架空电线高度示意

2. 现场的架空电线或电缆不可避免需穿过施工道路时，应充分考虑架空电线高度，架空电线或电缆距地面垂直距离应不小于 5m。如图 2-12 所示。

【问题 8】现场 PC 构件堆场布置达不到存放要求

问题表现及影响：

构件堆放后，地面下沉、积水，构件堆放存放架倾斜，影响构件存放安全。

原因分析：

1. 现场构件堆放场地未做硬化处理，或硬化厚度太薄，无法满足构件堆放承载力。

2. 构件堆放场地地势较低，未做好排水措施。

3. 构件堆放场地平整度较差，向一边倾斜。

防治措施：

1. 施工现场 PC 构件堆场应距离运输道路近，且在吊装起重机械覆盖范围内；堆场布置应选择地势较高、土质较好、排水通畅位置。

2. PC 构件堆场应做场地硬化处理，在夯实土面浇捣 100mm 厚 C20 混凝土，表面平整度控制在±5mm 以内。

3. 堆码竖向 PC 构件时，应先从存放架中间开始向两边对称堆码，避免一侧堆放存放架侧偏倾倒。

【问题 9】PC 运输车重，地库顶板不满足运输要求

问题表现及影响：

PC 构件运输车满载时一般为 30～50t，地库顶板不满足 PC 构件运输车运输要求，影响吊装施工。

原因分析：

地库顶板承载无法满足满载 PC 构件的运输车通行时产生的均布活荷载。

防治措施：

1. 若需经过地下室顶板时，需提前规划行车路线，并在设计阶段对路线范围内地下室顶板结构通过验算做加强处理，确保施工完成后 PC 构件运输车能直接上地库顶板运输。

2. 顶板底搭设钢管支撑架，且加固处理方案需经原设计单位核算。如图 2-13 所示。

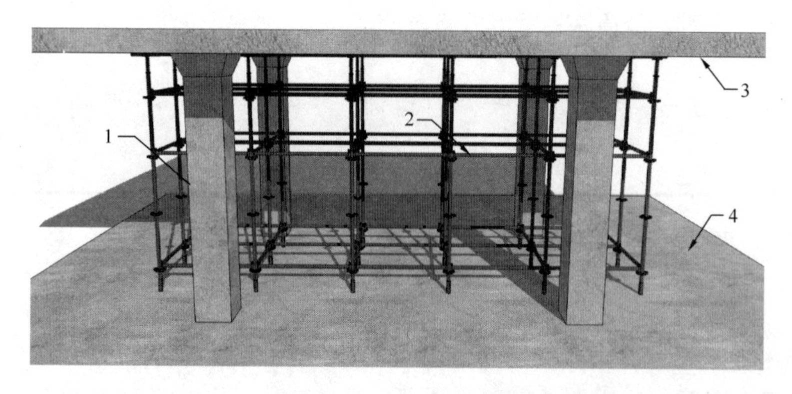

图 2-13 PC运输车通行道路地库顶板加固

1—地库柱；2—支撑架体；3—地库顶板；4—地库底板

【问题 10】塔式起重机安装后，构件吊不起

问题表现及影响：

塔式起重机起重臂覆盖范围内构件吊不起，影响现场施工。

原因分析：

在选定塔式起重机位置时，未核算起吊半径、吊装起重量，导致塔式起重机安装后，部分构件吊不起。

防治措施：

1. 在布置塔式起重机时，根据PC构件分布图，核实每块PC构件起吊半径，选定塔式起重机起重臂长度。

2. 核实吊装起重量（PC构件重量＋吊具＋钢梁），根据起重臂性能特性（表2-1），核算构件起重量，均应在塔式起重机正常起重范围内。如图2-14、图2-15所示。

35m臂起重性能特性 **表 2-1**

幅度（m）		2.5～19.2	20.0	22.5	25.0	27.5	30.0	32.5	35.0
起重量（t）	两倍率	5.00							
	四倍率	10.00	9.54	8.33	7.37	6.60	5.95	5.41	4.95

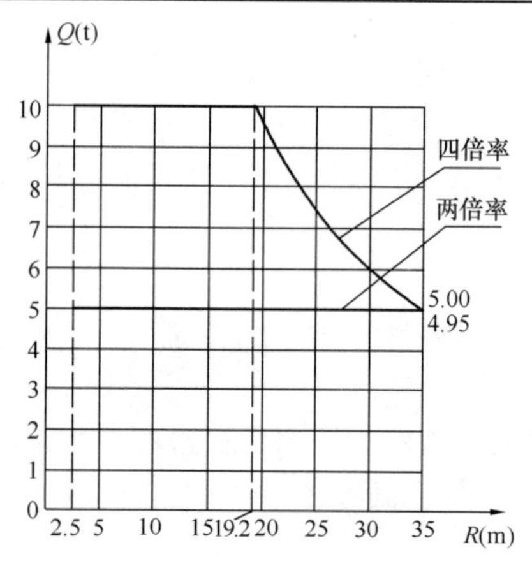

图 2-14 TC6517B-10 塔式起重机 35m 臂起重参数

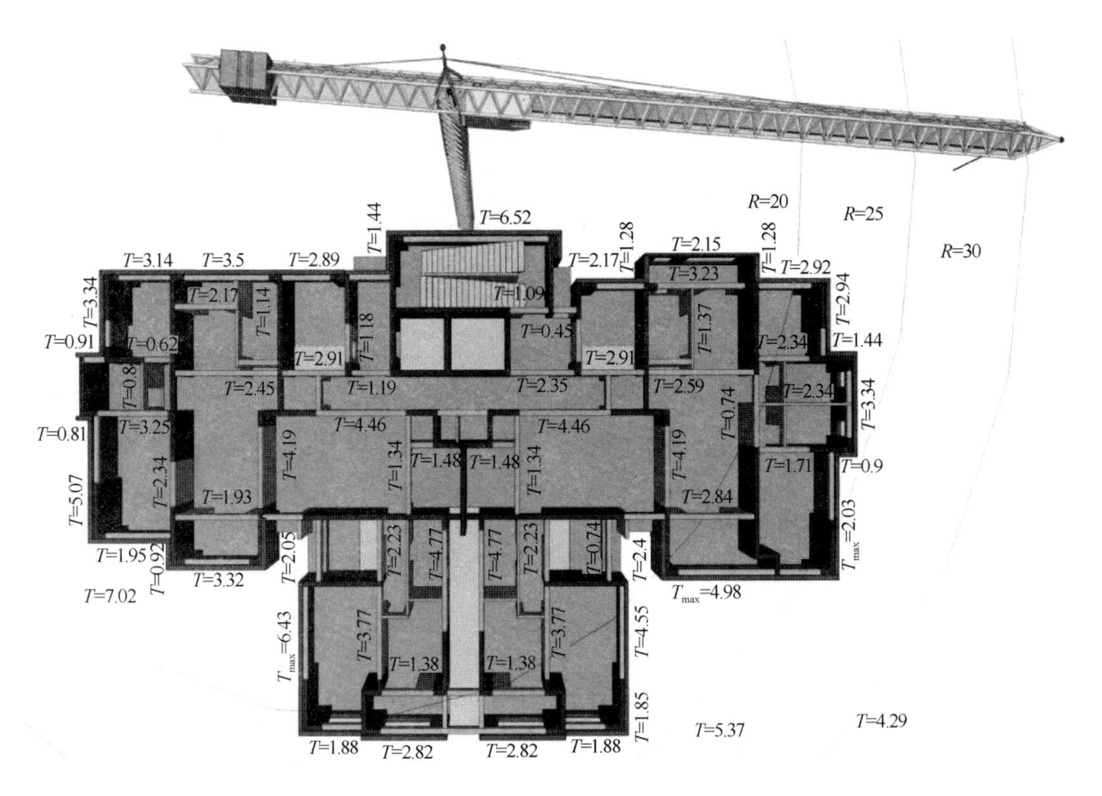

图 2-15　塔式起重机覆盖半径内起重量核准

3. 核实 PC 构件运输车起吊点和 PC 构件堆放场构件起重量，确保构件能正常起吊安装。

4. 经现场实际核算后选定塔式起重机布置位置。

【问题 11】塔式起重机定位安装时，附墙考虑不周全

问题表现及影响：

塔身附着安装困难，影响塔式起重机正常使用。

原因分析：

1. 连墙杆与塔身夹角太大或太小，不满足正常使用要求。

2. 原选定的附着点在 PC 构件安装后，因墙板阻碍塔式起重机附着无法安装。

防治措施：

1. 一般情况塔身与附着连接杆夹角 30°～60°为宜，当角度超过正常安装范围时，应经过塔式起重机设计单位验算附墙件受力能满足塔身安全施工要求，或做异形附墙构造连接验算塔身安全性满足要求。

2. 原选定的附着点被安装 PC 构件阻挡后，可以重新选择附着点，或在阻挡墙板面开孔附着原选定附着点上。

3. 附着连接点选择，不能直接附着在安装的 PC 构件上，应确保与现浇墙柱连接，因此在现浇墙柱浇捣前做好附着点对拉螺杆孔预埋。

4. 附着压板与构件相接部位，PC 构件在生产时预留附着对拉螺杆孔，并对 PC 构件做加强，替换构件压板范围处墙板中的保温板，布置加强钢筋混凝土浇筑填充。避免附墙杆安装后，PC 构件外表面受力开裂破损附着杆松动。如图 2-16、图 2-17 所示。

图 2-16　塔式起重机附墙点示意

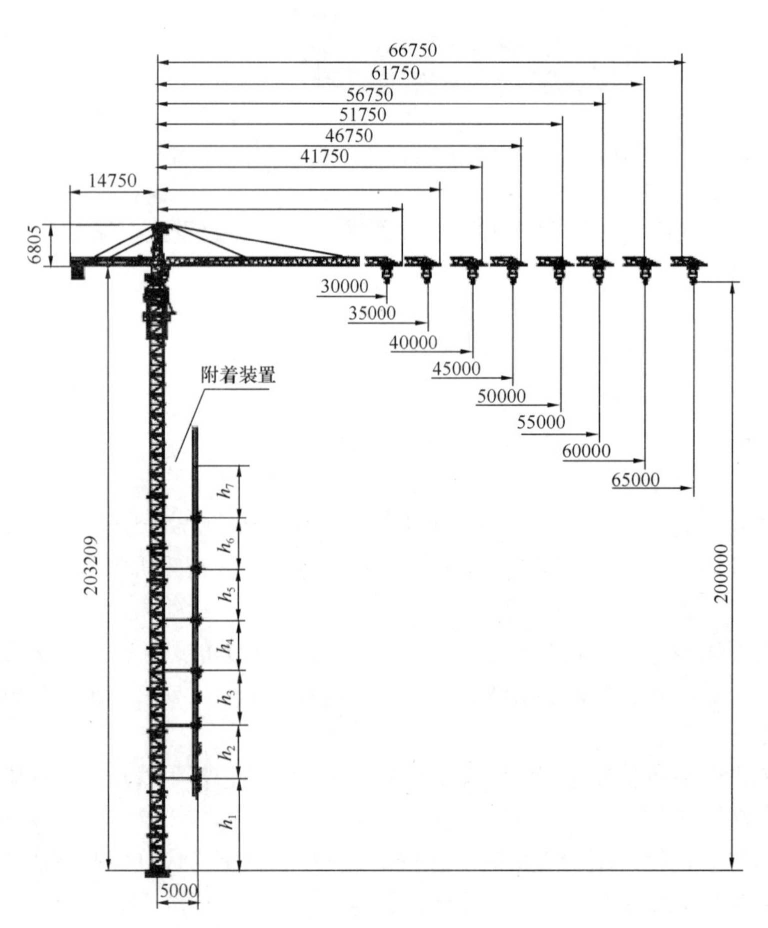

图 2-17　塔式起重机附着示意

注：h_1=37000；h_2=25200；h_3=25200；h_4=22400；h_5=19600；h_6=19600；h_7=19600。

【问题 12】构件超重，塔式起重机吊不起

问题表现及影响：

现场吊装时，墙板超重无法起吊。

原因分析：

1. 塔式起重机布置时，未完全核算构件起吊半径、起吊重量。

2. 工厂生产时预埋错误，或者轻质保温板没按设计要求尺寸放置，墙板超重。

3. 核对起重量时，未考虑吊具的重量，导致起吊时总重量超重。

防治措施：

1. 塔式起重机布置后，起重臂覆盖范围内构件吊不起，可以考虑报请结构、工艺验算做墙板拆分处理，将大跨度超重板块分化成多块，减轻起吊重量和吊装难度。

2. 无法起吊构件可以考虑对构件进行减轻处理，通过增加轻质材料减轻起吊构件重量。如图 2-18 所示。

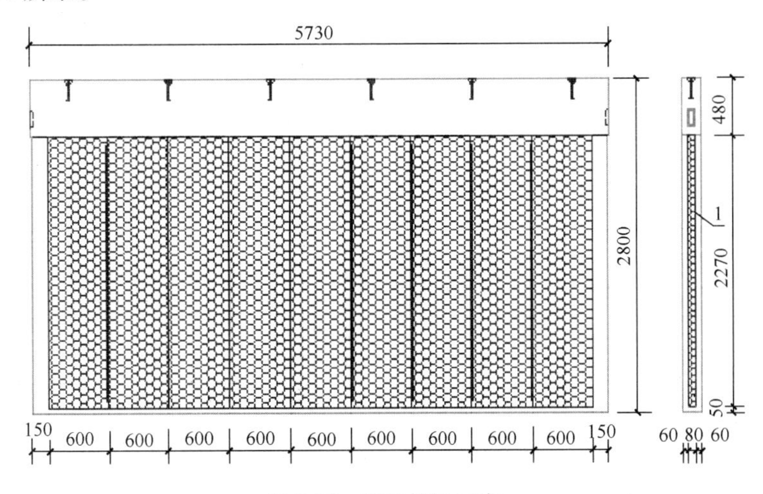

图 2-18 墙板构造示意

注：1—轻质材料。未减重时，重量 8.0t，通过填充轻质材料，减重后为 5.55t。

3. 构件在工厂生产时，严格按照工艺图布置、预埋，标准生产构件重量偏差在 0.1t 以内（套筒预埋较多，保温板需避开重量增加除外），对于重量偏差大的 PC 构件，现场做更换处理。

4. 在核对起重量时，因加上吊具（如吊装钢梁、吊架等）的重量，一般为 0.5t，也可以在计算构件重量时，乘以 1.1 的系数作为构件最终起重量。

【问题 13】塔式起重机选型不合理

问题表现及影响：

塔式起重机型号选择偏大，造成成本浪费。

原因分析：

项目管理人员对塔式起重机起重性能不清楚，塔式起重机选择型号超出正常使用要求，造成现场施工成本浪费。

防治措施：

根据现场实际需要臂长和起重量要求选型，推荐使用中联重科 TC6517B 型号（表 2-

2、表 2-3，图 2-19、图 2-20）塔式起重机。

45m 臂起重性能特性 **表 2-2**

幅度（m）		2.5～18.7	20.0	22.5	25.0	27.5	30.0	32.5	35.0	37.5	40.0	42.5	45.0
起重量（t）	两倍率	5.00							4.89	4.50	4.16	3.86	3.60
	四倍率	10.00	9.25	8.08	7.15	6.39	5.77	5.24	4.79	4.40	4.06	3.76	3.50

40m 臂起重性能特性 **表 2-3**

幅度（m）		2.5～19.0	20.0	22.5	25.0	27.5	30.0	32.5	35.0	37.5	40.0
起重量（t）	两倍率	5.00							4.99	4.59	4.25
	四倍率	10.00	9.43	8.24	7.29	6.52	5.88	5.35	4.89	4.49	4.15

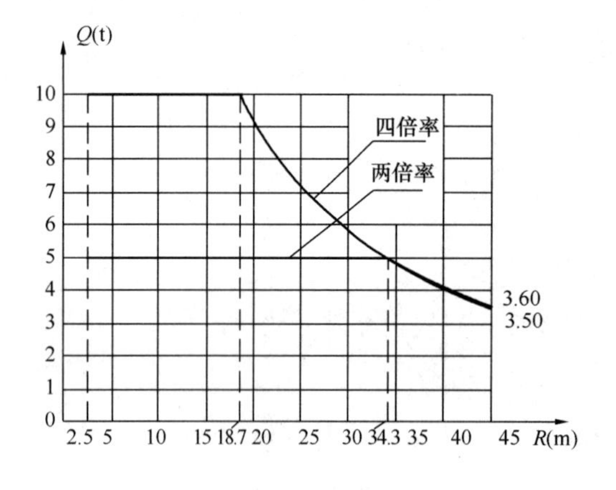

图 2-19 TC6517B-10 塔式起重机 45m 臂起重参数

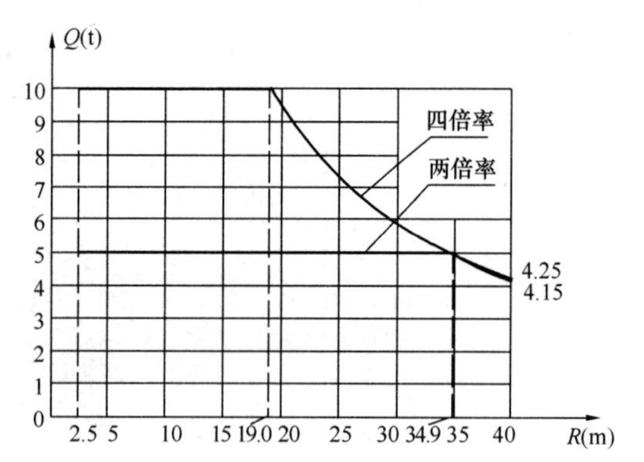

图 2-20 TC6517B-10 塔式起重机 40m 臂起重参数

【问题 14】塔式起重机选择不合理，施工功效低

问题表观及影响：

预制装配式建筑对塔式起重机的占用率高，塔式起重机旋转、吊运速度慢，安全性能低。

原因分析：

与传统建筑相比，预制装配式建筑塔式起重机重量更重，塔式起重机使用率更高，未选择合适的塔式起重机型号，导致施工效率低。

防治措施：

现在市面上塔式起重机型号较多，经过现场使用检验，推荐使用中联 T7020-10、TC7013-10（TC6517-10）和 T7530-16、TC7530-16 系列塔式起重机。该部分塔式起重机具有以下优势：

结构刚性好：平头塔式起重机根部臂架采用四边形结构，臂架变位更小；塔身采用四向同性的方形主弦，垂直刚性更好；且可配置大塔身，实现大独立高度及自由悬高的要求，减少附着架的数量。

机构运行稳：起升、变幅采用变频无级调速，起升、制动平稳，冲击力小，故障率低，易维修。回转采用 ZRCV、HVV 控制，调速性能好，可打反车，就位快，抗风性能强，安装方便。

吊装就位准：增加了微速就位功能，最低可达 2.7cm/s，快慢结合，实现 PC 模板快速、精准就位。

起升速度快：轻载高速、重载低速，能通过识别当前吊重，充分发挥电机功率，提升吊载速度。

装拆效率高：平头塔式起重机取消塔头，结构简单，安装快。平台采用快装结构，线缆采用接插件，装拆效率高。整机装拆效率可提升 10%～20%。

【问题 15】不同区域预制装配式建筑塔式起重机适用型号不同

问题表观及影响：

根据施工环境、设计要求不同，不同区域塔式起重机选型不一致。

原因分析：

根据各地区预制装配式建筑设计构件尺寸、重量、施工环境不同，塔式起重机使用型号有所不同。

防治措施：

目前预制装配式建筑发展迅猛，一些一、二线城市推广地更为迅速，且单件吊装的建筑模块越来越重。以下为目前所了解的部分省市的预制装配式建筑使用的塔式起重机的主要型号。

北京、上海、广州等城市，采用 315tm 塔式起重机，型号包括 T7530-16、TC7530-16。要求幅度 40m 处单件吊重 8t 左右。

长沙、武汉、合肥等城市，更多采用 160～250tm 塔式起重机，型号包括 T7020-10、TC7013-10（TC6517-10），要求幅度 35～40m 处单件吊重 5～6t。

【问题 16】PC 构件吊装时，塔式起重机使用不安全

问题表观及影响：

现场违规吊运，塔式起重机操作人员违规操作。

原因分析：

对塔式起重机安全操作规则不清楚，安全意识差。

防治措施：

1. 所有的安全保护装置完好方能使用。
2. 必须严格按照操作手册要求调整各限位器。
3. 夜间操作塔式起重机必须有充足的照明。
4. 每次作业前进行试运转，确认完好后，方可开始作业。
5. 每次动作之前先鸣笛。
6. 除变倍时要将吊钩放置地面外，不将吊钩放置地面以免乱绳。
7. 塔式起重机操作者必要时必须给出相应的警告信号。
8. 发现任何危害塔式起重机操作安全的缺陷，司机应立即停止作业。
9. 起吊重物时，起重臂下严禁站人。
10. 严禁起吊超过塔式起重机相应幅度吊重的重物，即使安装有超载保护装置。
11. 避免任何有可能危害塔式起重机安全的操作。

12. 操作要缓慢由低速到高速逐档转换，严禁回转时反转制动和紧急刹车。

13. 有物品悬挂在空中时，不得离开工作岗位。

14. 在遇到大雷雨、浓雾等恶劣气候，或塔式起重机最高处风速超过 20m/s 时，一律停止作业。

15. 塔式起重机操作人员必须可观察到工作区域和吊重。

16. 未经生产厂家许可，严禁对塔式起重机做任何更改。

【问题 17】塔式起重机布置未考虑现场施工环境

问题表观及影响：

塔式起重机布置、安装未考虑施工现场环境，导致塔式起重机现场无法安装施工。

原因分析：

1. 塔式起重机布置未考虑与周边建筑物的距离以及塔式起重机之间的相互影响。

2. 未考虑施工现场有架空电线。

防治措施：

1. 塔式起重机的尾部与周围建筑物及其外围施工设施之间的安全距离不应小于 0.6m。

2. 有架空输电线的场合，塔式起重机的任何部位与输电线的安全距离，应符合表 2-4 的规定。如因条件限制不能保证表中的安全距离，应与有关部门协商，采取安全防护措施后，方可架设。

塔式起重机与输电线的安全距离 **表 2-4**

安全距离（m）	电压（kV）				
	<1	1～15	20～40	50～110	220
沿垂直方向	1.5	3.0	4.0	5.0	6.0
沿水平方向	1.0	1.5	2.0	4.0	6.0

3. 两台塔式起重机之间的最小架设距离应保证：处于低位塔式起重机的起重臂端部与另一台塔式起重机的塔身之间至少有 2m 的距离；处于高位塔式起重机的最低位置的部件（吊钩升至最高点或平衡重的最低部位）与低位塔式起重机中处于最高位置部件之间的垂直距离不小于 2m。

【问题 18】施工策划吊装顺序编制不合理

问题表现及影响：

现场吊装时，某些构件吊装不顺畅，影响吊装进度。

原因分析：

违背吊装顺序编制原则。

防治措施：

1. 策划时在工艺图纸上对所有吊装构件进行编号，以防遗漏。

2. 标准层外墙板编制原则：应逐一按顺时针或逆时针顺序编制，最后一块外墙板应避免插入式吊装；有个别内墙或梁（与其他梁、内墙一起吊装会加大施工难度的）必须先吊装的，可以编制在外墙板吊装顺序中，带梁的预制外墙板需要考虑梁的弯起方向；PCF 板需等外墙板吊装完成后插入式吊装。

3. 内墙板与叠合梁编制原则：应考虑分区段穿插式吊装，方便后续其他工种的施工作业；一般情况下，梁截面高度尺寸大的梁先吊，梁截面高度尺寸小的后吊；当同一支座处出现多根梁度部钢筋分别为下锚、直锚、上锚时，应先吊装钢筋下锚的梁、次吊装钢筋直锚的梁、最后吊装钢筋上锚的梁。

4. 歇台板与叠合楼板编制原则：优先吊装歇台板梯段，方便材料的运转和人员的出入，空调板、阳台板在相邻叠合楼板吊装完成后同时段吊装，以便防护的搭设；在梯段吊装完成后，吊装梯段周围的叠合楼板，再以临边中间的原则顺时针或者逆时针分段分区域编制叠合楼板吊装顺序。

【问题 19】未合理设置 PC 构件堆场

问题表现及影响：

PC 构件堆场布置不合理，影响吊装进度及构件运输车通行。

原因分析：

1. PC 构件堆场塔式起重机不能全部覆盖，或覆盖后构件吊不起，造成二次转运。

2. 施工现场 PC 构件运输车停放散乱，堵塞运输道路。

防治措施：

1. 根据现场实际情况，合理布置一定数量的 PC 构件堆场，确保 PC 构件存货量和 PC 运输速度满足吊装进度要求。

2. 堆场应靠近施工运输道路，且应在起重设备的起重范围内，避免堆场塔式起重机覆盖不到或吊不起，造成二次转运。

3. 若现场条件有限，可适当增加道路宽度，划分 PC 构件运输车停放点，并确保道路能顺畅通行，PC 构件运输车停放点为 PC 构件临时堆场。

【问题 20】人货电梯位置选择不合理

问题表现及影响：

影响人货电梯的正常使用或附着的安装。

原因分析：

部分结构体系阳台板外侧安装有预制墙板阻碍，人货电梯无法正常使用，同时影响附着的安装。

防治措施：

1. 重新规划选择人货电梯位置，或在征求设计同意后，在原位置墙板上直接开口安装人货电梯。

2. 提前规划施工电梯位置，对影响人货电梯正常使用的预制墙板，在 PC 构件深化设计时预留人货电梯行走通道口和附着安装附墙点。

【问题 21】构件运输车场内不能掉头

问题表现及影响：

构件运输车一般为 13～17m 长，在运输道路上不能掉头。

原因分析：

1. 项目场地内没有设置环型道路。

2. 没有设置回车场地。

防治措施：

项目现场施工道路宜设置环型道路，当没有条件设置环型道路时，需设置不小于 12m

×8m 的回车场。如图 2-21 所示。

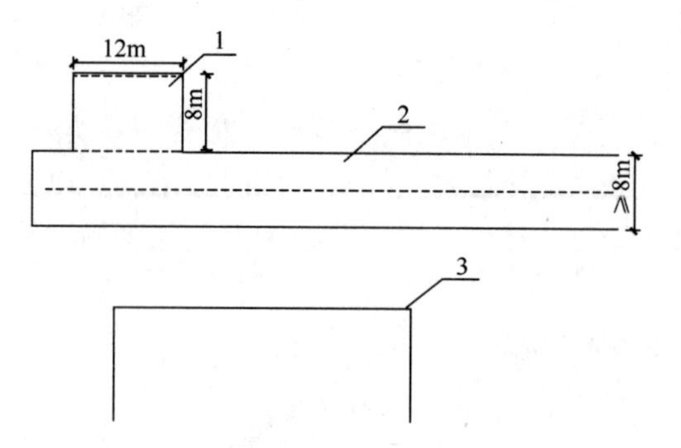

图 2-21 现场 PC 构件运输车回车场示意

1—回车场；2—施工道路；3—建筑主体

【问题 22】转换层竖向预制构件带钩斜支撑无法安装

问题表现及影响：

转换层竖向预制构件没有支撑点，无法安装带钩斜支撑。如图 2-22 所示。

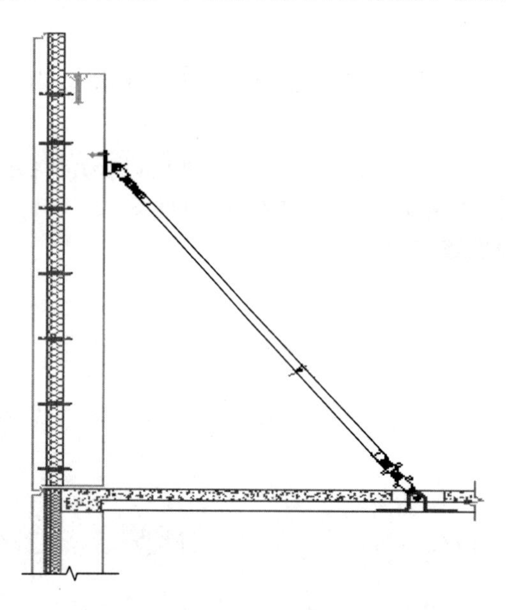

图 2-22 带钩斜支撑示意

原因分析：

1. 由于预制标准层的竖向构件采用的是带钩斜支撑，现场未准备普通斜支撑。

2. 转换层楼板面没有预埋斜支撑拉环或预埋偏位。

3. 转换层楼板面斜支撑拉环被混凝土覆盖，或拉环外露高度太小，斜支撑挂钩安装不上。

防治措施：

1. 未避免带钩斜支撑无法安装，施工前应准备一定量的压脚板式斜支撑，防止影响现场构件安装。

2. 在浇筑转换层楼板前，根据预制构件斜支撑平面布置图，预埋拉环。

3. 构件安装前检查预埋拉环外露高度，可把斜支撑挂钩提前钩上，减少构件安装时不必要的时间浪费。

2.2 装配式与现浇转换层

【问题 23】传统现浇楼板面不平整

问题表现及影响：

PC 构件安装墙顶不平，安装校正时间长。

原因分析：

现浇楼板面高差大，构件安装前墙板底面垫块标高设置不统一，导致构件安装后相邻墙板顶露高差，调差校正时间长，安装进度慢。

防治措施：

1. 测量楼板面高差，着重标记构件安装位置板面标高，经测算统一墙板底垫块标高。

2. 根据现场实际测算结果，对竖向构件板底放设垫块调差，确保同标高墙板底基准面水平。如图 2-23 所示。

图 2-23 墙板垫块放置示意

3. 现浇楼板面高差超过 2cm 以上，为避免统一标高调差增加板底拼缝厚度，应对超高部位凿磨修平。

4. 在现浇楼面混凝土浇筑时，标记好水平标高控制点，督导施工操作人员分块分区域拉线控制楼板面高差。

5. 指定专人对墙柱、梯段、厨卫边角收边抹平，浇捣时由专人护筋，控制板面平整度。

6. 混凝土浇筑完成后，二次抹面检查修整。

构件安装验收根据《混凝土结构工程施工质量验收规范》GB 50204—2015（表 2-5）。

装配式结构构件位置和尺寸允许偏差及检验方法 **表 2-5**

<table>
<tr><th colspan="3">项　目</th><th>允许偏差（mm）</th><th>检验方法</th></tr>
<tr><td rowspan="2">构件轴线位置</td><td colspan="2">竖向构件（柱、墙板、桁架）</td><td>8</td><td rowspan="2">经纬仪及尺量</td></tr>
<tr><td colspan="2">水平构件（梁、楼板）</td><td>5</td></tr>
<tr><td>标高</td><td colspan="2">梁、柱、墙板、楼板底面或顶面</td><td>±5</td><td>水准仪或拉线、尺量</td></tr>
<tr><td rowspan="2">构件垂直度</td><td rowspan="2">柱、墙板安装后的高度</td><td>≤6m</td><td>5</td><td rowspan="2">经纬仪或吊线、尺量</td></tr>
<tr><td>>6m</td><td>10</td></tr>
<tr><td>构件倾斜度</td><td colspan="2">梁、桁架</td><td>5</td><td>经纬仪或吊线、尺量</td></tr>
<tr><td rowspan="4">相邻构件平整度</td><td rowspan="2">梁、楼板底面</td><td>外露</td><td>5</td><td rowspan="4">2m 靠尺或塞尺量测</td></tr>
<tr><td>不外露</td><td>3</td></tr>
<tr><td rowspan="2">柱、墙板</td><td>外露</td><td>5</td></tr>
<tr><td>不外露</td><td>8</td></tr>
<tr><td>构件搁置长度</td><td colspan="2">梁、板</td><td>±10</td><td>尺量</td></tr>
<tr><td>支座、支垫中心位置</td><td colspan="2">梁、板、柱、墙、桁架</td><td>10</td><td>尺量</td></tr>
<tr><td colspan="3">墙板接缝宽度</td><td>±5</td><td>尺量</td></tr>
</table>

【问题 24】转换层楼板面放线偏差

问题表现及影响：

受轴线或墙板控制测量误差影响，墙板安装偏位。

原因分析：

1. 施工测量仪器误差未校检，导致现场施工放线偏差大。

2. 测量控制线偏差大，导致墙板安装偏位。

防治措施：

1. 施工测量前应检查测量仪器精确度，一般检查周期为 3 个月、6 个月、9 个月不等，但不得超过一年。

2. 根据校正测量控制线，调整墙板端线、边线、墙柱边线，并分别标记清楚。如图 2-24 所示。

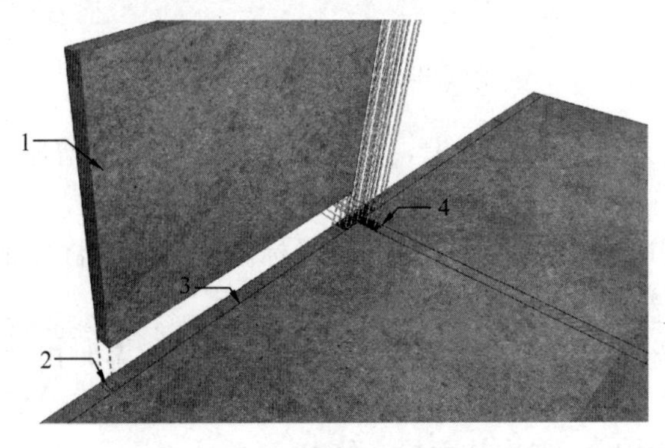

图 2-24　墙板落位示意

1—墙板；2—墙板端线；3—墙板边线；4—柱边线

3. 依据《混凝土结构工程施工质量验收规范》GB 50204—2015，校正安装偏位构件，墙板轴线位置允许偏差 8mm 以内。

4. 根据公司标准《混凝土叠合楼盖装配式建筑施工及质量验收规范》QB/YDSG 004—2013，预制墙板安装的允许偏差应符合表 2-6 的规定。

预制墙板安装允许偏差 **表 2-6**

项　目	允许偏差（mm）	检验方法
单块墙板水平位置偏差	5	基准线和钢尺检查
单块墙板顶标高偏差	±5	水准仪或拉线、钢尺检查
单块墙板垂直度偏差	5	2m 靠尺
相邻墙板高低差	2	2m 靠尺和塞尺检查
相邻墙板拼缝宽度	±5	钢尺检查
相邻墙板平整度偏差	4	2m 靠尺和塞尺检查
建筑物全高垂直度	H/2000	经纬仪检测

【问题 25】竖向 PC 构件安装拼缝错位

问题表现及影响：

墙体外立面缝大小不一，上下层或多层拼缝错位，影响拼缝防水和外立面装饰。

原因分析：

1. 墙板安装线、拼缝控制线放设不全，墙板未安装在准确的位置上。

2. 现场构件安装未按拼缝控制线校正，导致拼缝累计误差，拼缝错位。

防治措施：

1. 吊装前检查楼层主控线、构件端线、边线、墙柱边线、墙板拼缝控制线是否逐一放设到位。如图 2-25、图 2-26 所示。

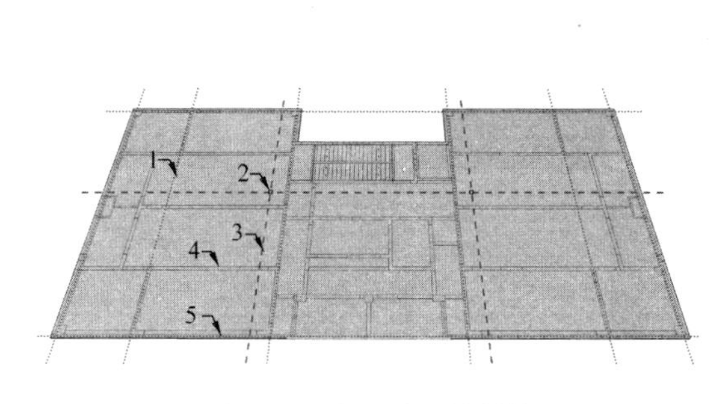

图 2-25　施工平面控制线

1—轴线；2—内控点；3—主控线；4—内墙板边线；5—外墙板边线

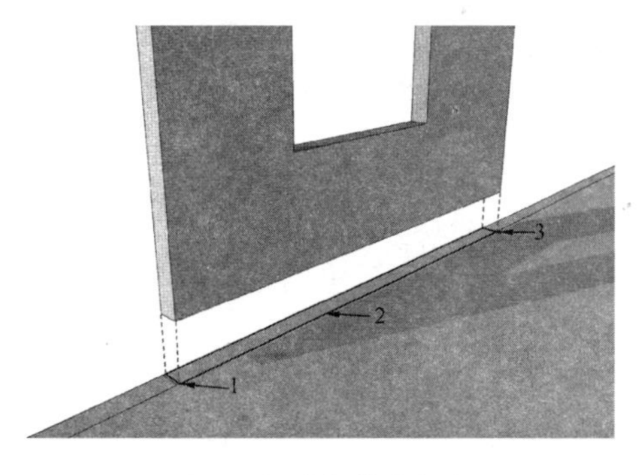

图 2-26　墙板落位细部

1—外墙拼缝线；2—外墙边线；3—外墙端线

2. 根据墙板拼缝控制线，逐块检查校正，对于偏差较小构件，先微调斜支撑，用撬棍（图 2-27）撬动，水平挪移校正；对于偏差较大构件，应重新起吊调整校正。

图 2-27　撬棍示意

注：图中撬棍直径 30mm，长度 1.5m。

3. 构件安装拼缝累计偏差，应分段分

缝均匀分摊处理，禁止拼缝一次性调差到位，造成外墙立面有明显拼缝错位，影响美观。

4. 施工前对吊装施工班组做详细的作业技术交底，安装质量应满足表 2-6 的规定。

【问题 26】传统现浇转换层楼板面预埋插筋偏位

问题表现及影响：

预埋插筋偏位，墙板吊装无法落位。如图 2-28 所示。

原因分析：

1. 现浇楼板面插筋预埋偏位。

2. 楼板面混凝土浇捣插筋偏位。

防治措施：

1. 根据设计插筋布置图，制作预埋插筋校核钢板，在插筋预埋时核准校正。

2. 吊装前用插筋校核钢板二次精度校正，对钢筋偏差较小的，采用冷弯或预热弯曲校正。

3. 对偏差较大的钢筋，报请结构设计验算，可采用定位植筋的方法处理。如图 2-29 所示。

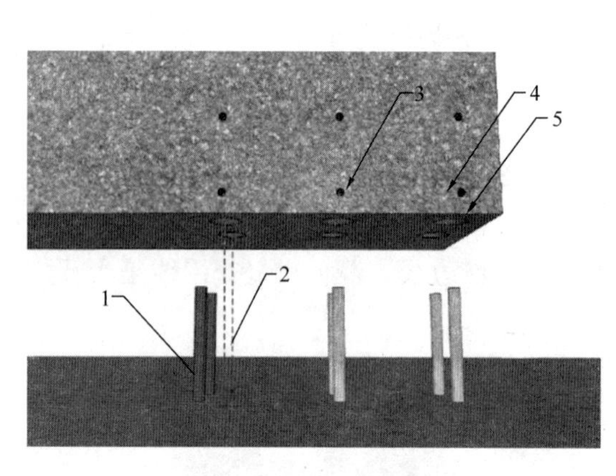

图 2-28　插筋预埋偏位

1—偏位钢筋；2—钢筋正确位置；3—灌浆口；4—墙板；5—灌浆套筒

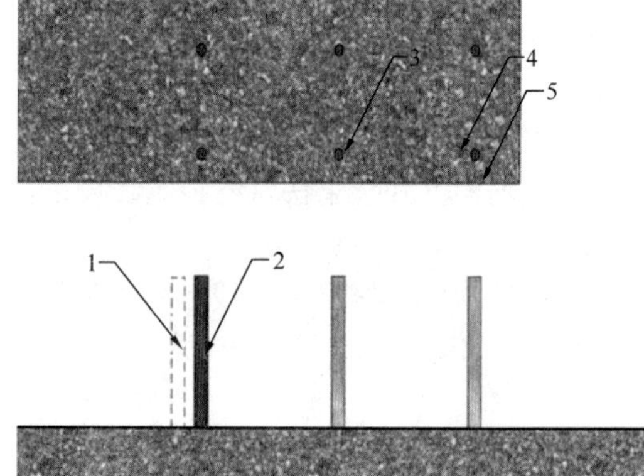

图 2-29　插筋校正处理

1—偏位钢筋（切割）；2—植入钢筋；3—灌浆口；4—墙板；5—灌浆套筒

【问题 27】墙柱钢筋偏位

问题表现及影响：

墙板吊装构件无法落位校正。如图2-30 所示。

原因分析：

1. 楼板面混凝土浇筑振捣不均匀，墙柱钢筋偏位未校正。

2. 楼板面混凝土施工时钢筋踩踏、混凝土放料挤压墙柱钢筋偏位。

3. 墙柱钢筋定位绑扎偏位。

防治措施：

1. 现浇楼板面测量弹线实测墙柱钢筋具体偏差值。

2. 钢筋偏位（柱大于 5mm 且不超过 25mm，墙大于 3mm 且不超过 15mm）且不超出保护层厚度范围时，可直接在结构面按 1∶6 的比例调整校正钢筋。

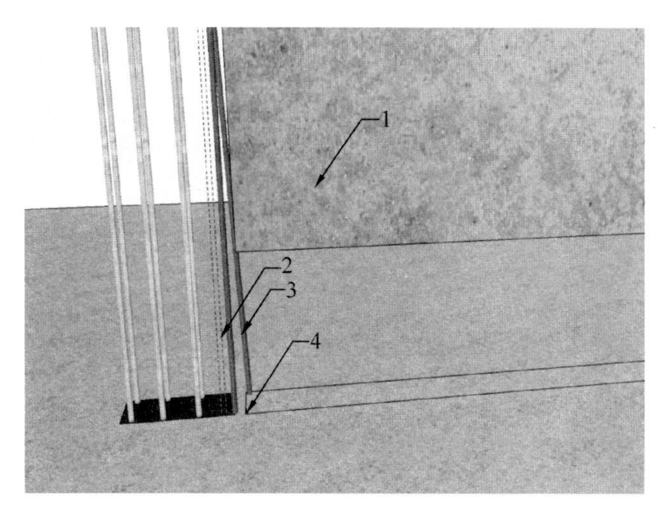

图 2-30　墙柱纵筋偏位、墙板落位

1—墙板；2—原柱钢筋位置；3—偏位柱钢筋；
4—墙板安装线

3. 对于钢筋直径大于 16mm 且偏位较大的，通过结构设计验算重新植筋调整。

4. 钢筋安装时，其品种、规格、数量、级别必须符合图纸规格的要求，绑扎前弹好控制线，对发生偏移的钢筋及时纠偏校正。

5. 合理设置钢筋保护层垫块，控制钢筋保护层，施工过程中操作人员不得任意蹬踏钢筋。

6. 增加过程控制，在混凝土施工中设专人看护，防止混凝土浇捣时因振捣或者其他碰撞致使钢筋位移，混凝土浇筑完毕立即由专人进行钢筋位置校正。如图 2-31 所示。

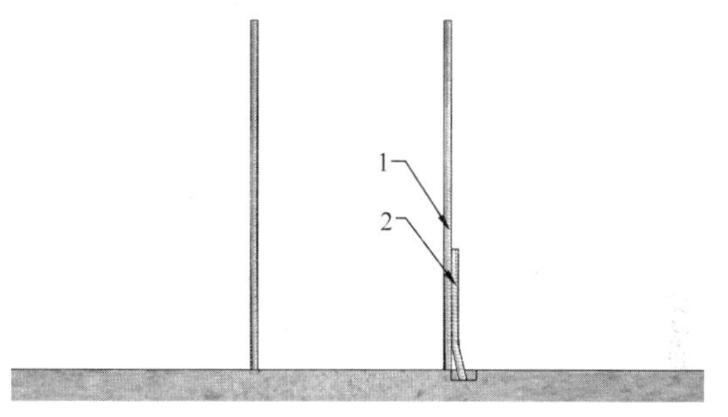

图 2-31　墙柱纵筋校正

1—植入钢筋；2—绑扎钢筋

【问题 28】首层外挂板无落位点

问题表现及影响：

外挂板安装无法落位。如图 2-32 所示。

原因分析：

1. 建筑结构设计与工艺设计不配套，未考虑首层外挂板安装。

2. 外挂板属于建筑围护结构，安装在墙柱结构外侧。

防治措施：

1. 在设计阶段提前处理，根据外挂板安装需要，联系建筑结构设计，变更扩宽首层反边梁，确保外挂板安装落位。

2. 现场处理，外挂板吊装前在构件安装部位搭设外挂板支撑架体或砖砌墙，确保外挂板安装落位。如图 2-33 所示。

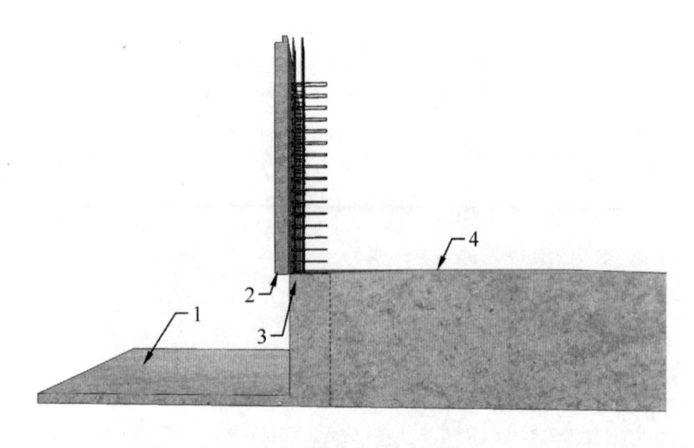

图 2-32　外挂板悬空示意

1—现浇地库顶板；2—外挂板构件悬空；3—现浇地库顶板反梁；4—正负零楼面板

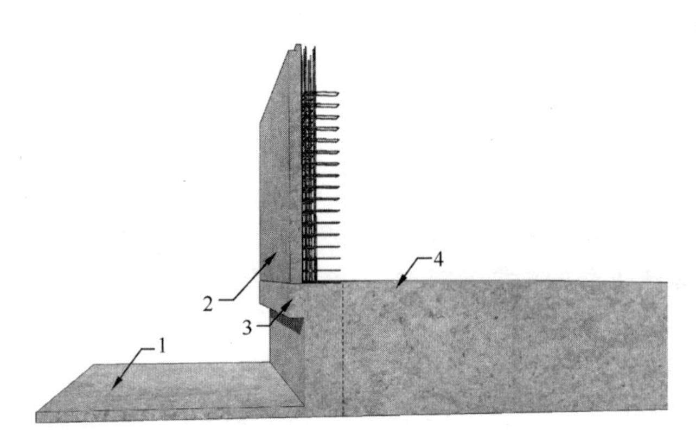

图 2-33　外挂板墙根处理示意

1—现浇地库顶板；2—外挂板；3—现浇地库顶板反梁；4—正负零楼面板

2.3　PC 构件工程

【问题 29】吊装起重设备、吊具未进行可靠性检测

问题表现及影响：

项目首次吊装前，未进行起重设备、工具可靠性检测，导致吊装时不顺畅或出现异常。

原因分析：

吊装班组与起重设备配合不默契；吊装用具比较陈旧，或从其他项目周转过来的用具没有得到实际检验。

防治措施：

1. PC 构件吊装之前，应对起重机械、吊具进行可靠性检查，具体的检查方法有目测检查、试吊检查。

2. 目测检查的内容有：钢丝绳、吊钩、卸扣、钢梁、吊爪等是否有断丝、散丝、锈蚀、破损、开裂、开焊等现象，如有问题，应及时更换处理，并定期维护保养。

3. 试吊检查是在构件吊装之前，对起重设备和吊装用具进行全面检查。试吊检查能够真实地检查起重设备与吊装用具的可靠性。

【问题 30】PC 平板拖车上吊装取板不对称

问题表现及影响：

PC 平板拖车上吊装竖向构件，从装车一侧向另一侧顺序取板，导致平板拖车受力不均匀，拖车倾斜严重的有倾倒危险。

原因分析：

1. PC 工厂在墙板装车时，应装车配板需要，同一吊装顺序的墙板存放在平板拖车的同一侧，导致吊装取板时平板拖车受力不均衡。

2. 吊装施工人员，因挂钩取板方便，从一侧开始吊装取板。

防治措施：

1. 吊装前，应与工厂确认装车顺序，竖向构件装车时，应在存放架左右对称装车，尽量避免吊装取板不对称。

2. 如工厂装车顺序不对称，现场吊装也应按照对称取板要求实施。

3. 吊装前，吊装班组应做好安全意识教育和工艺技术培训，规避不必要的风险。

【问题 31】墙板底垫块位置布置不合理

问题表现及影响：

垫块布置在墙板窗洞口和预留孔洞下方，构件安装后，墙板窗洞口位置出现开裂现象。

原因分析：

垫块布置在板底，构件自重促使垫块点出现反向支撑剪力，在构件抗剪薄弱的预留洞口处开裂。

防治措施：

1. 吊装前，根据墙板工艺设计构造、墙板长度，合理布置垫块数量，一般墙板底部垫块布置不少于 3 个点；当墙板长度大于 6m 时，设置垫块数量可适当增加，但不得过多。

2. 墙板垫块布置应尽量避开窗洞口下侧、构件不易受反向支撑剪力的部位。

3. 竖向构件施工现场临时堆放时，枕木垫设位置与墙板垫块设置原理相同。

【问题 32】PC 构件安装偏位

问题表现及影响：

PC 构件安装偏位，影响安装质量和美观。

原因分析：

1. 外墙板落位超出控制边线或端线未校正。

2. 构件不规正，校准后仍偏位。

3. 受后续构件吊装碰撞或后续施工工序影响，墙板位移超出控制线。

防治措施：

1. PC 构件进场前做好详细的构件检查验收，禁止使用无法满足检验标准的构件，进场后发现构件质量无法满足要求做更换或返厂处理，进场构件根据《装配式混凝土结构技术规程》JGJ 1—2014 进行检验。如表 2-7 所示。

预制构件允许偏差及检验方法　　表 2-7

项目			允许偏差（mm）	检验方法
长度	板、梁、柱、桁架	＜12m	±5	尺量检查
		≥12m 且＜18m	±10	
		≥18m	±20	
	墙板		±4	
宽度、高（厚）度	板、梁、柱、桁架截面尺寸		±5	钢尺量一端及中部，取其中偏差绝对值较大处
	墙板的高度、厚度		±3	
表面平整度	板、梁、柱、墙板内表面		5	2m 靠尺和塞尺检查
	墙板外表面		3	
侧向弯曲	板、梁、柱		$L/750$ 且≤20	拉线、钢尺量侧向最大弯曲处
	墙板、桁架		$L/1000$ 且≤20	
翘曲	板		$L/750$	调平尺在梁端量测
	墙板		$L/1000$	
对角线差	板		10	钢尺量两个对角线
	墙板门窗口		5	
挠度变形	梁、板、桁架设计起拱		±10	拉线、钢尺量最大弯曲处
	梁、板、桁架下垂		0	
预留孔	中心线位置		5	尺量检查
	孔尺寸		±5	
预留洞	中心线位置		10	尺量检查
	孔洞尺寸、深度		±10	
门窗洞	中心线位置		5	尺量检查
	宽度、高度		±3	

续表

项目		允许偏差（mm）	检验方法
预埋件	预埋件锚板中心线位置	5	尺量检查
	预埋件锚板与混凝土平面高差	0，−5	
	预埋螺栓中心线位置	2	
	预埋螺栓外露长度	+10，−5	
	预埋套筒、螺母中心线位置	2	
	预埋套筒、螺母与混凝土平面高差	0，−5	
	线管、电盒、木砖、吊环在构件平面的中心线位置偏差	20	
	线管、电盒、木砖、吊环与构件表面混凝土高差	0，−10	
预留插筋	中心线位置	3	尺量检查
	外露长度	+5，−5	
键槽	中心线位置	5	尺量检查
	长度、宽度、深度	±5	

2. 检查施工安装边线、端线、拼缝控制线，找出构件偏位原因和具体偏位值。

3. 现场校正调整偏位，微调转动斜支撑丝杆让墙板倾向需调整方向，配合撬棍水平挪动墙板，校准安装控制线，校准后构件安装在允许偏差范围内。对偏差较大的，应使用塔式起重机调整重新起吊安装校正。

4. 在墙板后续分项施工完成后，墙柱混凝土浇筑前对安装 PC 构件进行二次校检，复查墙板安装规正度。

【问题 33】墙板安装拼角不规正

问题表现及影响：

墙板安装后拼接角不规正，有水平角差，影响房间整体规正度。

原因分析：

1. 构件校正后斜支撑未锁定松动，安装垂直度偏差大。

2. 受后续构件吊装碰撞或后续施工工序影响，安装墙板偏位拼角不规正。

防治措施：

1. 核查构件控制线，检查墙板安装位置，用 2m 靠尺、塞尺、钢尺、挂尺测量墙板安装偏差值，找出偏位原因。

2. 垂直度校正，微调转动斜支撑，校正构件正反面垂直度，允许偏差在 5mm 以内，钢尺量测墙板偏差值，用撬棍撬动挪移墙板，调整板底垫块标高，校准墙板拼缝，允许偏差±5mm 以内，板顶立靠尺、塞尺，检测相邻板块板顶高低差，允许偏差 2mm 以内。

3. 墙板安装完成后，为确保构件拼接角规正度，在构件接缝处安装 L 形连接件加固，墙根安装限位件或连接件加固，防止构件受力振动偏位。如图 2-34 所示。

图 2-34　墙板拼角 L 形连接件安装

【问题 34】墙板安装不垂直，拼缝大小头

问题表现及影响：

墙板安装不垂直，拼缝大小头，影响外墙拼缝打胶和立面美观。

原因分析：

1. 墙板底垫块设置不平，构件安装倾斜，导致拼缝处垂直度偏差大，竖向拼缝大小头。

2. 墙板安装后未校准垂直度，实际偏差值超出允许范围；核准固定后斜支撑松动回弹，构件垂直度偏差大。

3. 后续施工碰撞、扰动墙板不垂直。

防治措施：

1. 用钢尺测量拼缝上下偏差值，拼缝端线处立垂线或用红外铅垂仪投射垂线，校正墙板垂直度。

图 2-35　墙板斜支撑布置

2. 校正时微调转动斜支撑丝杆使墙板具备撬动间隙，配合撬棍撬起一端墙板底，调整垫块标高，校正构件拼缝垂直度，拼缝宽度允许偏差值±5mm 以内。

3. 墙板面挂靠尺检测构件垂直度偏差方向，转动斜支撑伸缩丝杆（支撑顶），核准墙板正立面垂直度，允许偏差控制在 5mm 以内。如图 2-35 所示。

4. 对构件安装斜支撑，应及时检查、维护、保养，伸缩丝扣打油润滑，及时更换处理滑丝斜支撑，以免造成安全事故。

【问题 35】墙板吊装未按编制顺序施工

问题表现及影响：

构件安装不连续，施工缓慢，吊装落位困难。

原因分析：

1. 外墙板拼接面有梁锚固钢筋和竖向分布钢筋，吊装顺序错乱，墙板安装落位锚固钢筋干涉，施工困难。

2. 墙板吊装不连续，两边构件安装中间墙板插入式吊装，构件吊装很缓慢。

防治措施：

1. 根据吊装施工工艺要求，编制吊装顺序应按外墙板—叠合梁—内墙板—隔墙板—叠合楼板的顺序编制。

2. 根据项目施工组织划分工段，同类构件施工段内依次顺时针或逆时针吊装，分片分区域形成施工操作面，形成流水施工。

3. 根据工艺设计节点和钢筋锚固弯折方向，同类型构件先吊钢筋弯折下锚构件，次吊直锚构件，最后吊钢筋弯折上锚构件。

4. 根据编制吊装顺序，做好与PC构件供应厂的对接，PC构件供应按照吊装顺序装车发货，现场施工班组依据吊装顺序执行吊装。

钢筋上弯锚固构件、直锚构件、下弯锚固构件吊装顺序节点如图2-36所示。

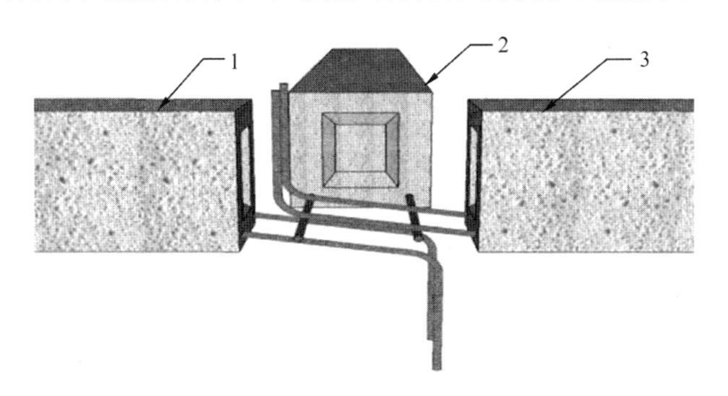

图2-36　三梁交汇吊装顺序

1—梁A；2—梁B；3—梁C

【问题36】外挂板安装拼缝处未封堵

问题表现及影响：

混凝土浇筑时漏浆，影响浇筑质量及后期防水。

原因分析：

1. 墙板吊装后，拼缝未做施工工艺封堵处理。

2. 拼缝处封堵不到位，脱落或损坏露缝。

防治措施：

1. 墙板拼缝位置放置200mm宽、3mm厚自粘防水SBS卷材，高度为外墙挂板高度加50mm，宽度缝两边均分。

2. 外挂板拼缝处用一字或L形连接件连接，螺栓紧固合适不得影响外墙平整度，安装完毕后点焊固定。

3. 铺贴防水卷材前，拼缝边清理干净，保持板面干燥。

4. 若现场气温较低，卷材自粘型较差，在铺贴拼缝卷材时，热熔贴面。如图2-37～图2-39所示。

图2-37　墙板拼缝一字连接件安装

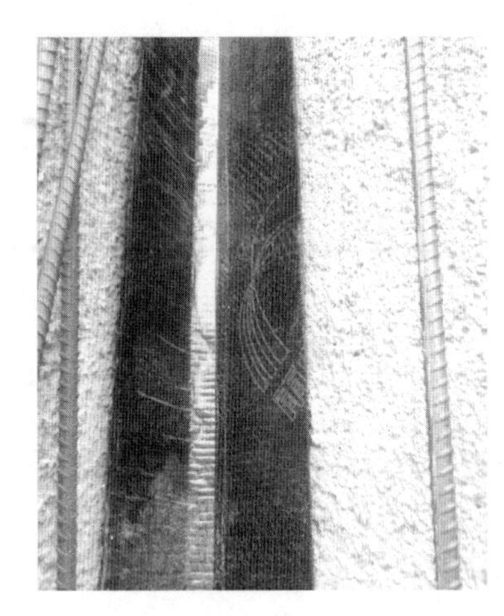

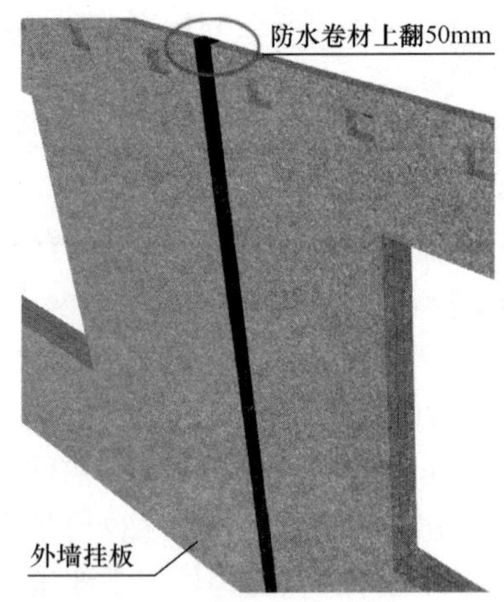

图 2-38　墙板竖向拼缝密封处理

图 2-39　墙板竖向拼缝施工处理后示意

【问题 37】内墙隔墙板安装反向错位

问题表现及影响：

构件安装反向，水电管线封堵错位。如图 2-40 所示。

图 2-40　隔墙与叠合楼板安装偏位

原因分析：

内、隔墙板正反面构造相近，吊装前未认真辨识，安装反向。

防治措施：

1. 吊装前根据墙板工艺设计详图（如开关线盒所在的侧面和钢筋锚固方向等）判断构件安装正反面。

2. 现场处理安装反向墙板需先用塔式起重机吊离安装构件，清理墙板底坐浆料，损坏封堵线管。

3. 构件重新校准落位，安装斜支撑连接固定件，接通水电接线管。

4. 内、隔墙板吊装落位离地 500mm 处应停顿，校正墙板对准预埋管线口楼板面预留件，防止构件在落位校正时压坏。如图 2-41 所示。

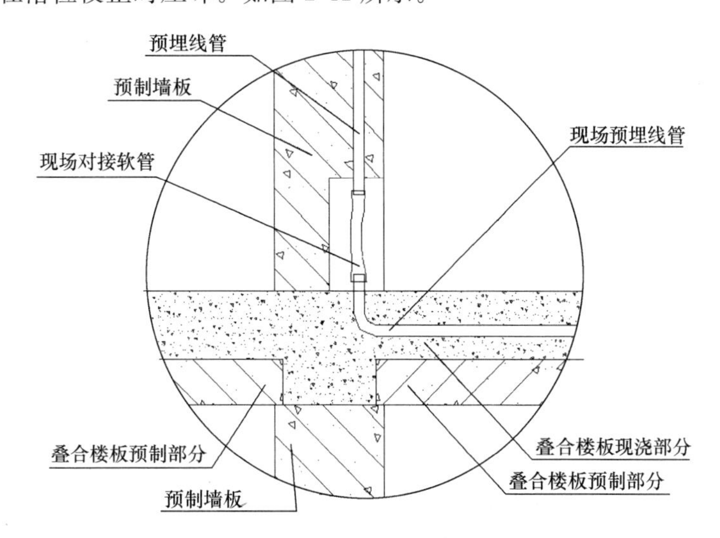

图 2-41 墙板、楼板水电管线连接

【问题 38】内、隔墙板安装不规正，板底露缝

问题表现及影响：

构件安装不规正，墙板底通风露缝。

原因分析：

1. 内、隔墙板安装偏位。

2. 隔墙板吊装前，板底未坐浆或坐浆不饱满不均匀露缝。

3. 受后续工序（如模板、钢筋绑扎等）施工影响，构件拼角偏移。

防治措施：

1. 吊装前设置板底垫块标高，板底拼缝控制在 2cm 左右，均匀平铺板底坐浆料，高出垫块标高 1cm 为宜。

2. 墙板吊装落位，挤压预铺好的坐浆料，填充密实板底拼缝，墙底挤压溢出坐浆料，清理收边压实。如图 2-42 所示。

3. 构件核准后安装斜支撑，拼缝阴角处安装 L 形连接件加固，防止因后续施工或墙板自身受力偏位。如图 2-43 所示。

图 2-42 墙板底收口示意

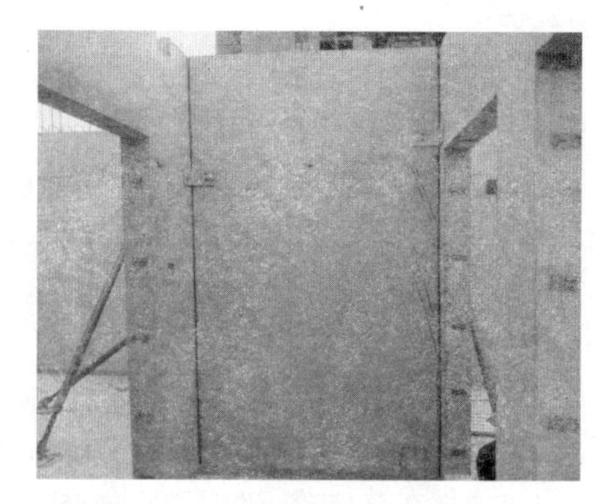

图 2-43 构件拼接角 L 形加固

【问题 39】叠合楼板安装后，板底不平

问题表现及影响：

板底不平露顶。

原因分析：

1. 叠合楼板支撑架体搭设不平整，叠合楼板吊装后板底架空，受力变形。

2. 叠合楼板支撑架体间距过大。如图 2-44、图 2-45 所示。

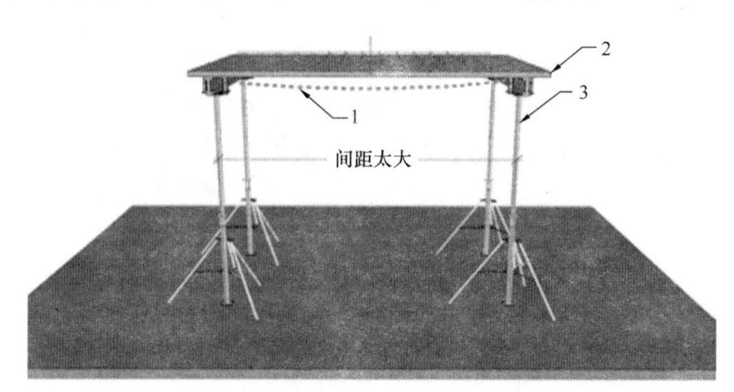

图 2-44 支撑间距大叠合楼板变形

1—叠合板有弯曲趋势；2—叠合板；3—独立支撑

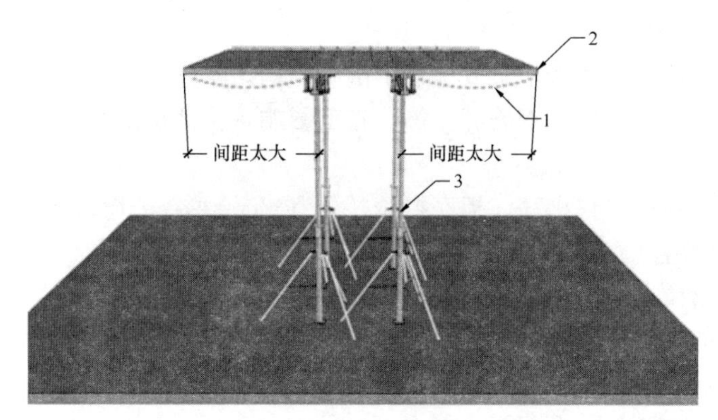

图 2-45 悬挑距离大叠合楼板变形

1—叠合板有弯曲趋势；2—叠合板；3—独立支撑

防治措施:

1. 在搭设支撑立杆时，杆底设置垫块，扩大板面受力，调平板面高差。

2. 独立支撑立杆离墙板边不小于 300mm 且不大于 800mm，立杆间距小于 1.8m。如图 2-46 所示。

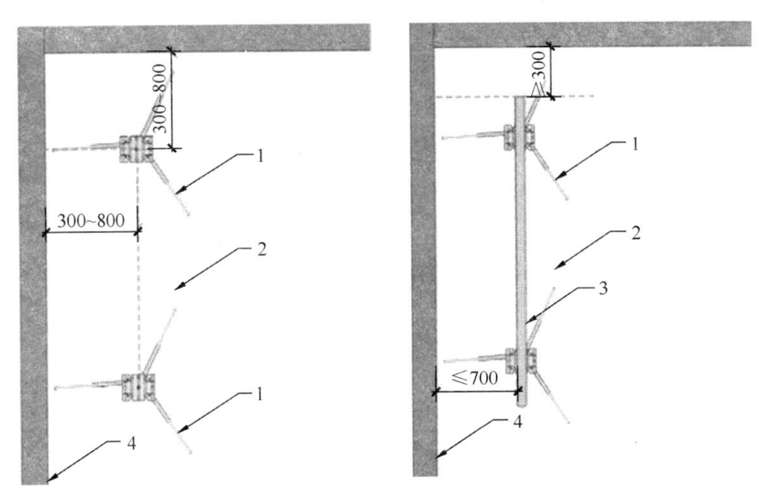

图 2-46　独立支撑平面布置

1—独立支撑；2—楼板；3—工字木；4—墙体

3. 叠合楼板落位后，检查支撑立杆有无悬空松动，调整、紧固可调托座，使支撑立杆均衡受力。

4. 检查叠合楼板板底标高，对叠合楼板变形较大处增加支撑立杆顶撑，对板底超高部位降低可调座调平。预制构件标高偏差控制在±5mm 以内（表 2-8）。

5. 板底加设支撑立杆，在叠合楼板底变形沉降处铺垫标准方木或工字木支撑立杆顶撑，调平板底标高。

6. 叠合楼板板面施工时，荷载不要集中堆放，避免因荷载过于集中楼板面受压力变形开裂。

预制板类构件（含叠合板构件）安装允许偏差　　　　**表 2-8**

项目	允许偏差（mm）	检验方法
预制构件水平位置偏差	5	基准线和钢尺检查
预制构件标高偏差	±5	水准仪或拉线、钢尺检查
相邻构件高低差	3	2m 靠尺和塞尺检查
相邻构件平整度	4	2m 靠尺和塞尺检查
板叠合面	未损坏、无浮灰	观察检查

【问题 40】大开间叠合楼板安装板缝不符合设计要求

问题表现及影响:

叠合楼板安装板缝分布不均或两端拼缝宽度不一，影响拼缝处理。

原因分析:

1. 叠合楼板安装偏位未校正。

2. 叠合楼板安装偏位，板缝累计偏差逐渐增大未调差。

3. 竖向预制构件安装偏位，导致板缝增大。

防治措施：

1. 吊装施工前做好构件安装准备工作，用钢卷尺在墙顶标画楼板安装分布线。

2. 叠合楼板落位后，校正拼缝线，检查拼缝宽度，对拼缝宽度调差，用撬棍插在板缝间撬动需要校正构件，两端对称同向水平挪移。

图 2-47　现场楼板布置平面

3. 核准竖向构件测量放线精度，确保墙板的垂直度在混凝土浇筑后产生的偏差小于允许偏差值。如图 2-47 所示。

【问题 41】叠合楼板安装后，板面开裂

问题表现及影响：

叠合楼板安装后，板面开裂，影响构件的观感质量。

原因分析：

1. 叠合楼板起吊时挂钩点过少，吊装构件受力开裂。

2. 叠合楼板面堆载过于集中，超载变形开裂。

3. 叠合楼板未达到脱模、起吊、运输强度值开裂。

4. 板底支撑未调平，构件悬空受力变形开裂。

防治措施：

1. 根据《混凝土叠合楼盖装配整体式建筑技术规程》DBJ 43/T 301—2013，废弃影响结构性能且不能恢复的板面细裂纹，更换叠合楼板。

2. 影响钢筋、预埋件锚固的裂缝宽度大于 0.3mm 且裂缝长度超过 300mm 的，做更换处理。

3. 裂缝宽度不足 0.2mm 且在外表面时，用专用防水浆料修补。

4. 预制构件脱模起吊应满足设计要求值且不应小于 15N/mm^2，运输混凝土强度值不应低于设计强度值的 75%。

5. 现场吊装根据叠合板尺寸合理设置起吊挂钩点，大于等于 4m 的板采用 8 点起吊，小于 4m 的板采用 4 点起吊。

【问题 42】楼面混凝土浇筑完成后，隔墙板不稳固

问题表现及影响：

隔墙与叠合楼板连接节点未按设计要求施工，导致墙体稳定性差。如图 2-48 所示。

原因分析：

1. 叠合楼板或隔墙板安装连接孔错位，施工节点遗漏。

2. 隔墙叠合楼板连接孔内积水、杂物填堵未清理。

3. 楼板面钢筋施工时，连接孔内锚固钢筋漏放。

防治措施：

1. 构件安装时，在有隔墙的位置注意隔墙与叠合楼板连接孔是否有偏差、连接孔是否通畅（图 2-49）。

2. 楼面混凝土浇筑前，清理连接孔内积水、杂物，确保连接孔锚固插筋与孔内混凝土握裹密实，孔内无间隙。

3. 板面混凝土浇捣前，检查孔内锚固插筋是否安装到位，锚固钢筋与板筋绑扎。

4. 若楼面混凝土浇捣后不稳固，可在楼板底与隔墙顶面安装 L 形连接件固定。如图 2-50 所示。

图 2-48　隔墙与叠合楼板连接

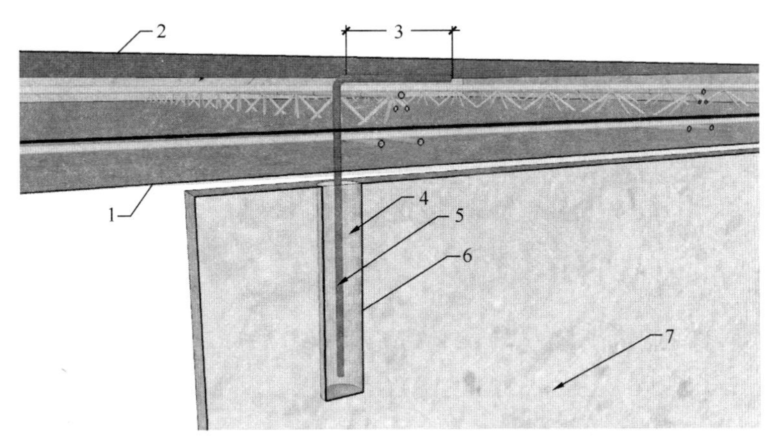

图 2-49　隔墙与叠合楼板连接剖面

1—叠合板预制层；2—叠合板现浇层；3—锚入长度符合设计要求；4—孔内灌注混凝土；5—ϕ12 连接钢筋；6—ϕ75 连接孔；7—隔墙板

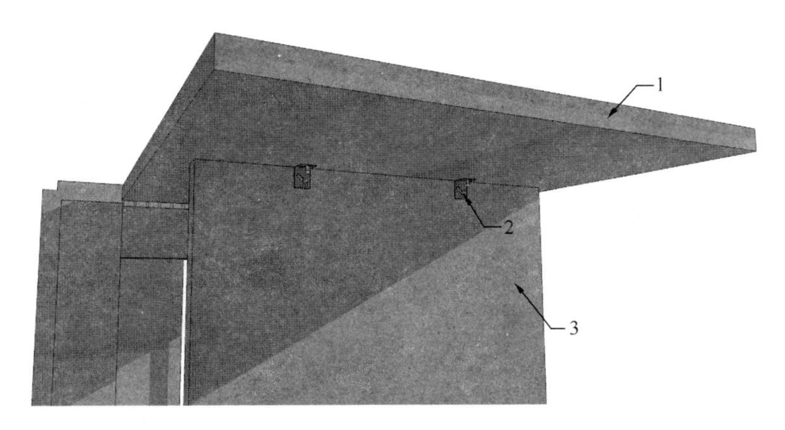

图 2-50　隔墙板与叠合楼板加固

1—叠合楼板；2—L 形连接件；3—内墙

【问题 43】预制楼梯安装后，底部开裂

问题表现及影响：

吊装落位后，板底显现平直裂纹，影响构件安全。

原因分析：

1. 构件生产运输过程中开裂。

2. 构件翻转挂钩、吊装后开裂。

防治措施：

1. 根据《混凝土叠合楼盖装配整体式建筑技术规程》DBJ 43/T 301—2013，废弃影响结构受力的裂纹梯段，做更换处理。

2. 防止构件在生产阶段开裂，构件拆模调运混凝土强度需达到设计强度值的 75%。

3. 运输时应采取可靠柔性垫衬材料保护，防止构件碰撞、受力开裂，并控制运输车行驶速度。

4. 根据《混凝土装配—现浇式剪力墙结构技术规程》DBJ 43/T 301—2015，构件表面裂缝处理方案如表 2-9 所示。

构件表面裂缝处理方案 **表 2-9**

序号	裂缝类型	处理方案	检查依据与方法
(1)	影响结构性能且不可恢复的裂缝	废弃	目测
(2)	影响钢筋、连接件、预埋件锚固的裂缝，且裂缝宽度大于 0.3mm，裂缝长度超过 300mm	废弃	目测
(3)	上述 (1)、(2) 以外的，裂缝宽度超过 0.2mm	用环氧树脂浆料修补	目测、卡尺测量
(4)	上述 (1)、(2) 以外的，宽度不足 0.2mm 且在外表面时	用专用防水浆料修补	目测、卡尺测量

【问题 44】悬挑构件安装稳定性差

问题表现及影响：

悬挑构件安装时稳定性差，构件受水平力易倾倒。如图 2-51 所示。

原因分析：

1. 悬挑构件支撑顶部横杆未调平，或未与室内支撑做有效拉结。

2. 构件落位后，安装构件锚固钢筋未及时固定，受力易倾倒。

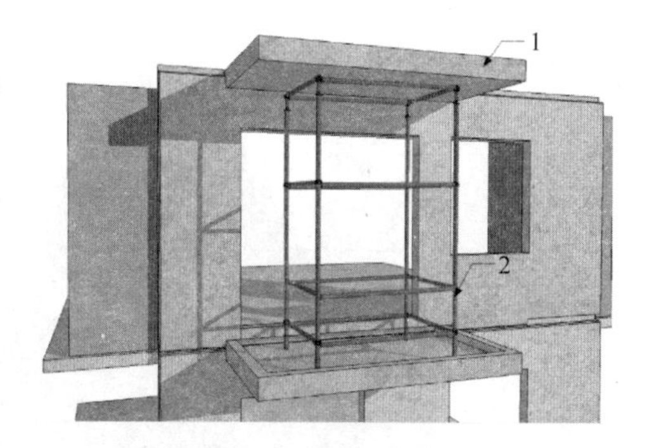

图 2-51 悬挑构件安装示意

1—阳台板；2—阳台板底支撑不牢固

防治措施：

1. 悬挑构件支撑架体与主体结构或楼板支撑架做两道平行水平拉结。

2. 构件吊装落位时，离支撑架体 500mm 处停顿调整校正，使构件均衡落在支撑架体上。

3. 悬挑构件落位后，锚固钢筋及时与楼板面固定钢筋绑扎，或悬挑构件连接锚固钢筋与楼面固定钢筋焊接。

4. 构架落位后，在构件与外墙板拼接阴角处加连接件固定，限制构件水平位移。如图 2-52 所示。

5. 悬挑构件内边设置明显警示标志，以防止堆放重物或人为出现不安全因素。

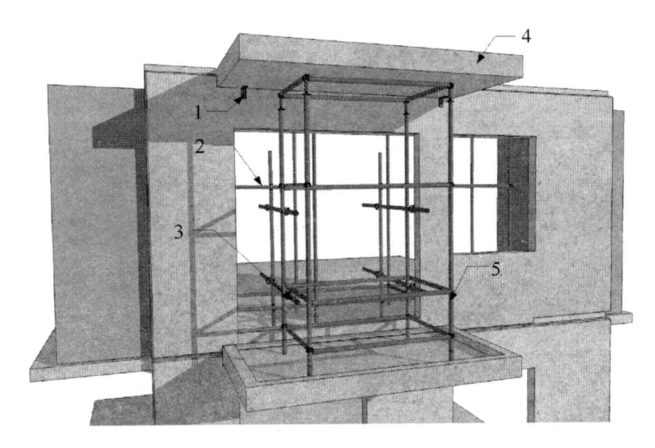

图 2-52　悬挑构件加固示意
1—L 形连接件；2—叠合板底支撑；3—拉结钢管；
4—阳台板；5—阳台板底支撑

【问题 45】PC 构件质量缺陷

问题表现及影响：

1. 叠合楼板面开裂，构件缺棱掉角。
2. 构件不规则，预留洞口方正度差或角部开裂。
3. 构件细部构造缺失、开关线盒偏位。

原因分析：

1. PC 构件生产养护强度不够，拆模、吊装、运输后开裂、掉角。
2. PC 构件生产钢模变形，构件不方、表面不平整。
3. PC 构件生产预埋偏位。

防治措施：

1. 构件外形尺寸偏差超出允许值（表 2-10），返厂做更换处理。
2. 构件进场验收参照湖南省工程建设地方标准《混凝土叠合楼盖装配整体式建筑技术规程》DBJ 43/T 301—2013。

构件外形尺寸允许偏差值及检验方法　　表 2-10

项目	允许偏差（mm）		检验方法
长度	外墙、内墙板	±5	钢尺检查
	叠合梁	+10，−5	
	叠合楼板	+10，−5	
	楼梯板	±5	
宽度	±5		钢尺检查
厚度	±5		钢尺量一端及中部，取其中较大值
对角差	叠合楼板、内墙、外墙板	10	钢尺量两个对角线
预埋件	中心线位置	10	钢尺检查
	钢筋位置	5	
	钢筋外露长度	+10，−5	

续表

项目	允许偏差（mm）		检验方法
预留孔	中心线位置	5	钢尺检查
预留洞	中心线位置	15	钢尺检查
主筋保护层厚度	叠合梁	±5	钢尺或保护层厚度测定仪量测检查
	内墙、外墙、叠合楼板	±3	
表面平整度	内墙、外墙板	5	2m 靠尺和塞尺检查
侧向弯曲	叠合楼板、叠合梁	$L/750$ 且≤20	拉线、钢尺量最大侧向弯曲处
	内墙、外墙板	$L/1000$ 且≤20	

注：当采用计数检验时，除有专门要求外，合格点率应到达 80%及以上，且不得有严重缺陷，方可评定为合格。

【问题 46】叠合梁安装偏位

问题表现及影响：

叠合梁安装标高及梁端偏位，影响后续工序施工。如图 2-53 所示。

原因分析：

1. 叠合梁支撑架有高差，外挂板面未标记构件安装控制线，构件安装偏位。

2. 叠合梁底支撑架设置不合理，稳定性差，受力或振动偏位。

防治措施：

1. 叠合梁吊装前，在外挂板墙板面标记叠合梁底标高和梁端部控制线，以便构件安装校核如图 2-54 所示。

图 2-53　叠合梁安装示意

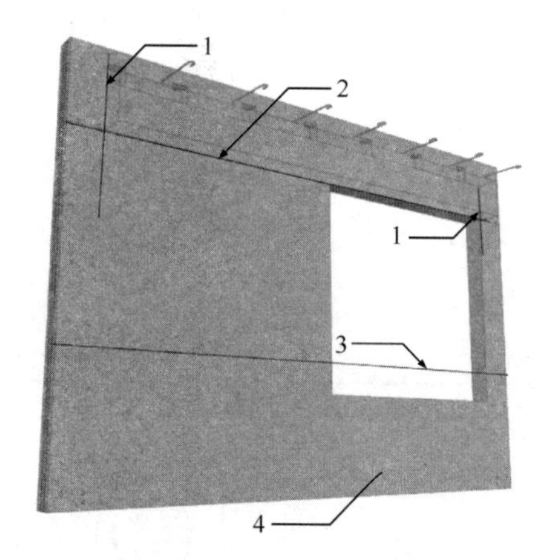

图 2-54　叠合梁安装控制线

1—叠合梁端线；2—叠合梁底板标高线；3—1m 标高线；4—外墙挂板

2. 根据叠合梁与外挂板构造，合理选择支撑样式，叠合梁支撑有 U 形夹具支撑和 Z 字形支撑。

3. 一般情况下，对于长度大于 4m 的叠合梁，底部不得少于 3 个撑，大于 6m 的梁，不得少于 4 个支撑点，具体支撑布置位置如图 2-55 所示。

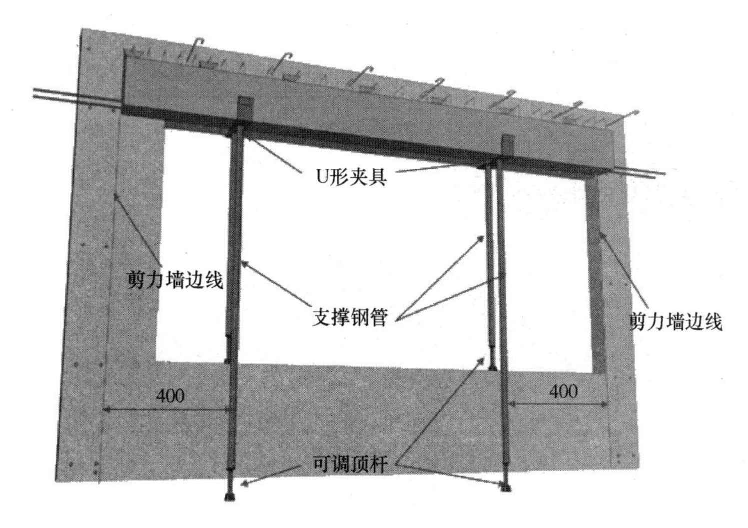

图 2-55　叠合梁支撑布置

【问题 47】反边上竖向构件安装困难

问题表现及影响：

1m 高混凝土反边上墙板安装施工难度大。如图 2-56 所示。

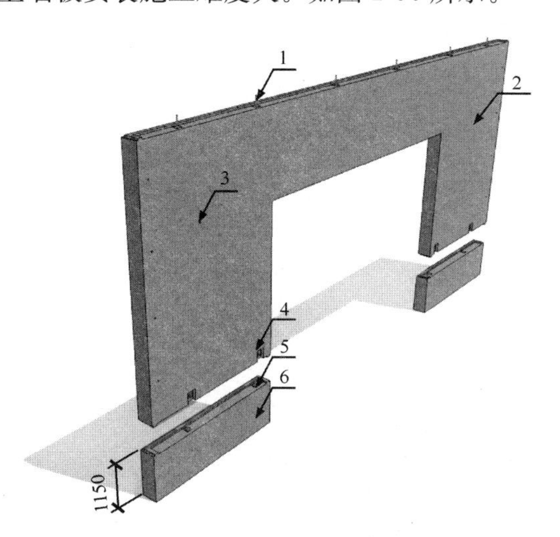

图 2-56　反边上构件安装示意

1—连接钢筋；2—预制外墙板；3—斜支撑套筒；4—PK 连接盒子；5—连接钢筋；6—反坎

原因分析：

1. 反边顶面不平，吊装落位难校正。
2. 墙板落位后立面超高，一般斜支撑无法满足施工要求。
3. 墙板重心较高，一般固定方式墙板无法稳固。

防治措施：

1. 吊装前复核反边轴线，校正反边位置、垂直度、反边顶平整度。
2. 根据现场实际情况，改装或定制加长斜支撑。

3. 墙板落位时，加牵引绳控制墙板摆动，落位后核准墙板控制线，安装斜支撑。

4. 校核墙板垂直度，先在墙板根部安装竖向限位件加固，限制墙板校正时墙根位移。

5. 相邻墙板落位后。拼缝处用连接件加固，使相邻墙板之间连接成整体，增加拼装稳定性。如图 2-57 所示。

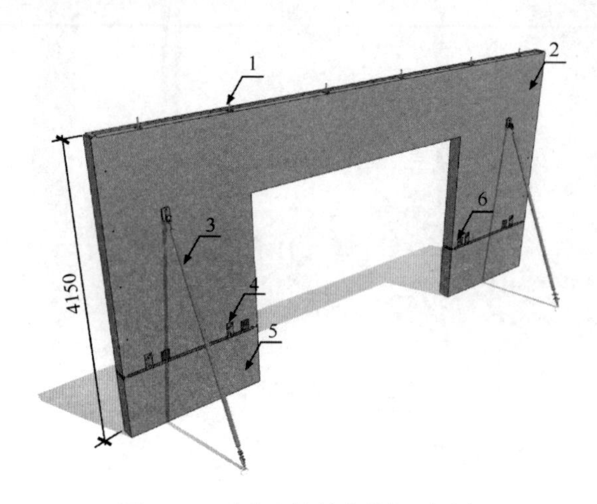

图 2-57 反边上构件安装加固示意

1—连接钢筋；2—预制外墙板；3—加长斜支撑；4—一字连接件；5—反坎；6—混凝土浇筑

【问题 48】超高净空构件安装困难

问题表现及影响：

超高净空需两块墙板竖向叠加，上部墙板安装稳定性差，临时支撑固定困难。如图 2-58所示。

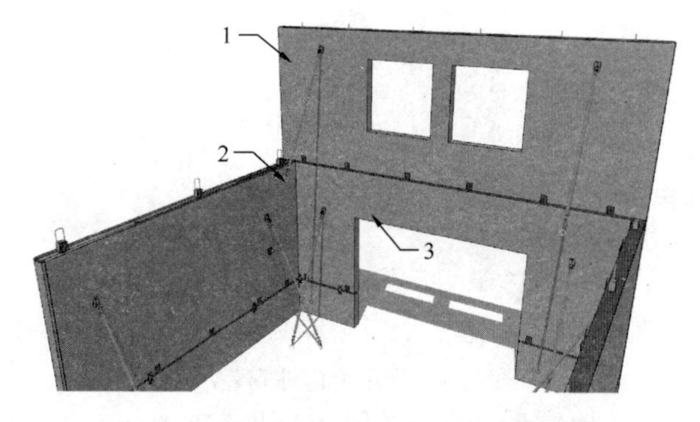

图 2-58 超高净空二层墙板安装问题模拟

1—二层楼板；2—二层楼板斜支撑底部无处固定；3—一层楼板

原因分析：

斜支撑无法正常固定，吊装、安装人员施工难度很大。

防治措施：

1. 先完成一层墙板吊装，墙柱混凝土浇捣。

2. 二层墙板吊装落位后，墙板上部采用特定加长斜支撑八字形斜打，连接固定在侧边一层墙板上，并在墙板根部安装竖向一字连接件，防止构件水平位移。

3. 在与侧面墙板拼接处安装三道 L 形连接件加固，使拼装构件连接成整体。如图 2-59 所示。

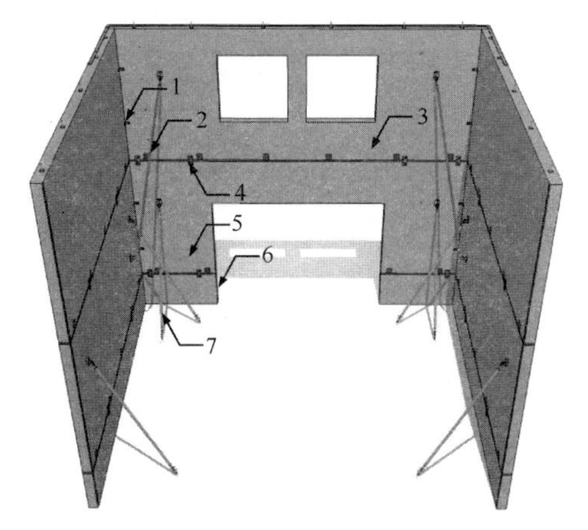

图 2-59　超高净空二层墙板安装加固示意

1—L 形连接件；2—二层斜支撑；3—二层墙板；

4—一字连接件；5—一层墙板；6—反坎；7—一层斜支撑

【问题 49】外挂架预埋套筒偏位

问题表现及影响：

预埋套筒偏位，外挂架无法安装。

原因分析：

1. 工厂生产预埋套筒偏位。

2. 相邻构件安装有高差，导致套筒偏位。

防治措施：

1. 对因构件安装外挂架套筒有高差的，可在构件安装完成后调整墙板底面标高校正。

2. 对偏位较大无法调整的外挂架套筒，可在外墙板上标记套筒点，钻对穿孔用螺杆对拉固定挂钩座。

【问题 50】预制构件吊点选择不合理

问题表现及影响：

预制构件吊点位置及数量选择不合理，影响吊装安全。

原因分析：

1. 吊点位置选择不对。

2. 吊装构件少挂起吊点。

3. 吊点受力不均衡。

防治措施：

1. 根据构件外形尺寸选择合理的吊点；在构件吊离存放点时，注意所有钢丝绳是否受拉绷直。

2. 当预制构件上只有两个吊点时必须穿保护绳；当吊点数大于 2 个时，必须全数挂上。

3. 当起吊点大于 2 个时，为了保证吊点受力均衡，应选择合适的吊具。

【问题 51】PC 构件拼缝处开裂

问题表现及影响：

构件拼缝封堵后开裂，或室内装修完成后，构件拼接处腻子开裂。

原因分析：

墙板处拼缝未做特殊处理。

防治措施：

1. 在墙板竖向拼缝内填注柔性抗裂填缝砂浆。

2. 拼缝处内侧面抹 1mm 厚抗裂砂浆盖面。

3. 拼缝位置贴耐碱网格布，拼缝两侧各反向覆盖 100mm 宽、1～2mm 厚抗裂砂浆，确保网格布不外露。

4. 在装修阶段拼缝处刮柔性弹性腻子，防止开裂。如图 2-60、图 2-61 所示。

图 2-60 基层处理抗裂砂浆打底

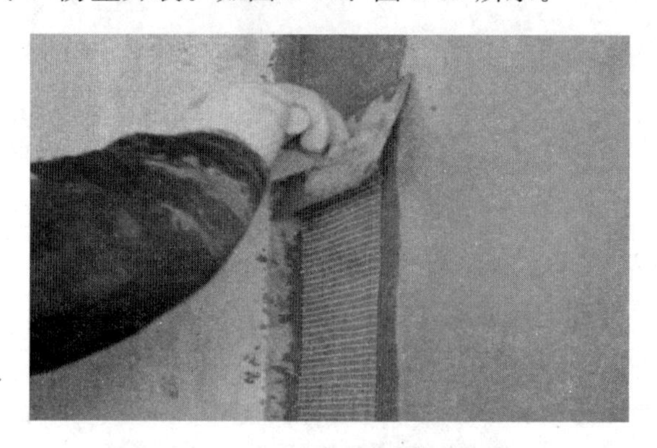

图 2-61 粘挂耐碱网格布抗裂砂浆盖面

【问题 52】外墙缝聚氨酯胶不密实

问题表现及影响：

拼缝接口通风渗水。

原因分析：

1. 打胶后保护不到位。

2. 打胶前拼缝基层未清理干净，聚氨酯胶与基层粘结不密实。

3. 打胶不均匀，粘结断点多。

防治措施：

1. 清除墙缝不密实部位的聚氨酯胶，重新打注。

2. 打胶前密封界面基层处理，角磨机或钢丝刷去除不利于粘结的物质，板缝中浮浆用铲刀铲除，灰尘采用小型空气压缩机吹扫干净。

3. 缝内塞填填充材料，据缝隙宽度合理选择填充材料的规格，充分压实。

4. 填充完成后，确认接缝宽度和接缝深度是否适合，宽深比为 2∶1。

5. 打胶时注意注入角度，注胶应饱满无气泡，同时注意不要污染板面。

6. 打胶完成后，加强成品保护，确保聚氨酯胶不被人为破坏。

【问题 53】外墙拼缝内有积水

问题表现及影响：

拼缝槽内有凝结水，拼缝胶鼓胀变形开裂。

原因分析：

未设置拼缝泄水孔，槽内水无法排出。

防治措施：

1. 在外墙缝每3层的十字交叉口处增加防水排水管，且缝内配有排水构造。

2. 排水选择直径8mm以上的管，排水管安装突出外墙部分至少5mm。

3. 排水管下倾角20°以上，保证水可以自然地流出，首层排水管高度应控制在30cm以上50cm以内。如图2-62所示。

图2-62　外墙拼缝泄水孔示意

【问题54】斜支撑布置影响施工操作面

问题表现及影响：

斜支撑安装后，影响后续工序施工。

原因分析：

斜支撑安装位置及数量不合理。

防治措施：

1. 根据墙板的长度确定斜支撑的根数，6m以下的墙板布设两根支撑，6m以上的墙板布设三根，且布置在PC构件的同一侧。

2. 考虑到斜支撑安装位置影响支模，安装距现浇剪力墙边宜不小于500mm。如图2-63所示。

3. 当预制外墙内有整片剪力墙柱时，斜支撑可在预制外墙连接件安装后拆除，或将斜支撑安装在墙板上的固定点凸出剪力墙。如图2-64所示。

图2-63　墙板斜支撑安装示意

图2-64　外墙板斜支撑固定

【问题 55】斜支撑安装楼面引孔时，损坏预埋水电管线

问题表现及影响：

楼板内水电管线破坏，穿线时堵管。

原因分析：

斜支撑安装随意，未考虑楼板内管线布置。

防治措施：

1. 楼面水电布管时，应避开斜支撑安装区域。如图 2-65 所示。

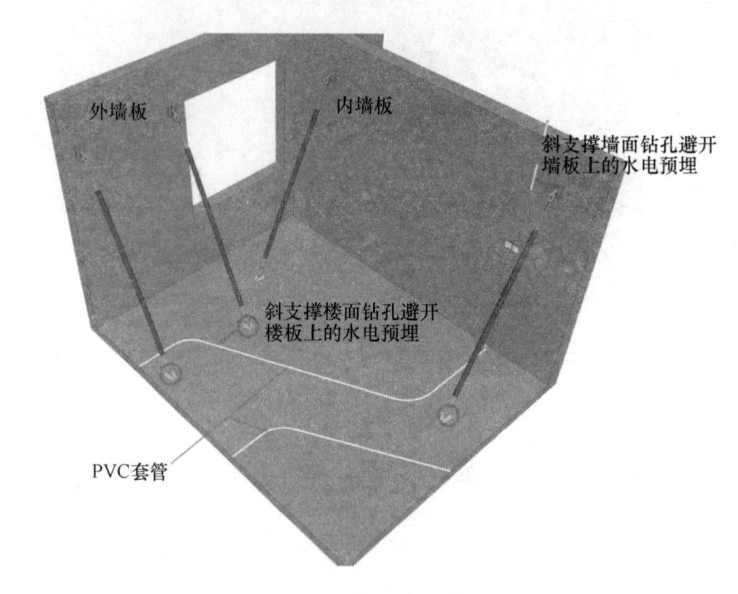

图 2-65　斜支撑、水电管线示意

2. 采用挂钩式斜支撑，楼面混凝土浇捣前预埋挂钩环，墙板吊装固定时，安装带钩斜支撑，避免破坏板内水电管线。如图 2-66 所示。

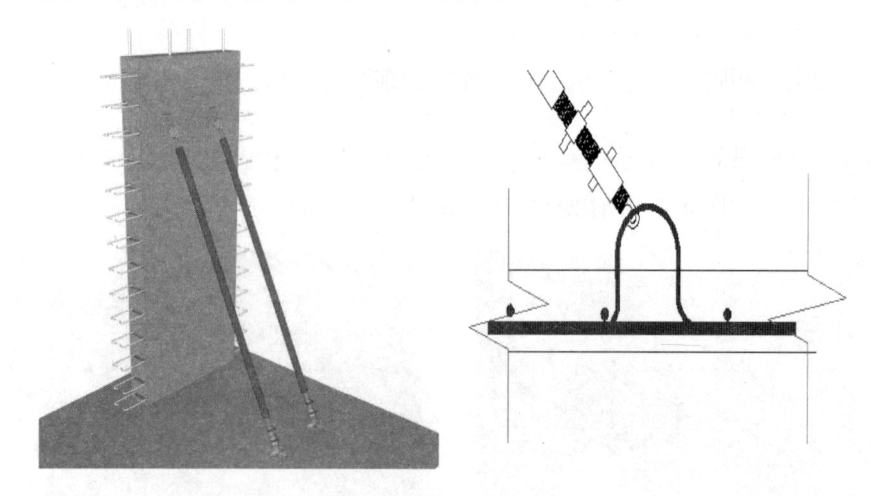

图 2-66　带钩斜支撑安装

【问题 56】套筒灌浆施工困难

问题表现及影响：

灌浆堵管、漏浆、灌不进、灌浆后破坏。如图 2-67 所示。

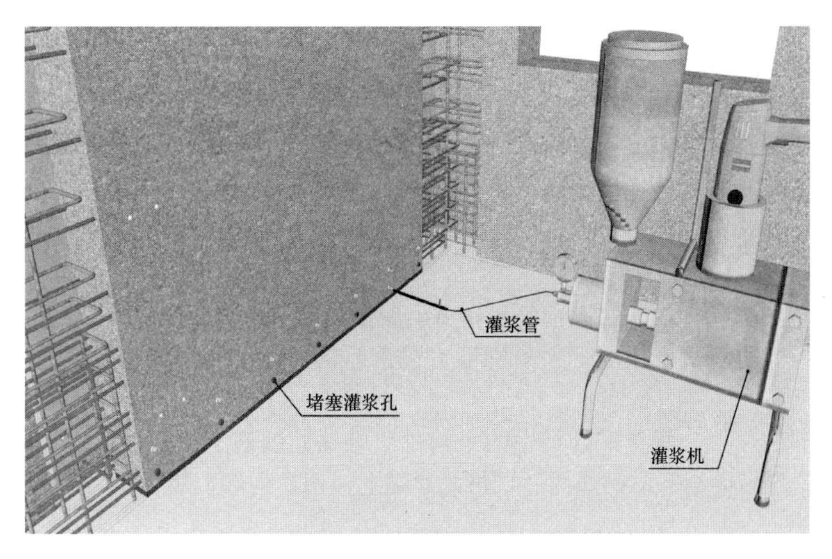

图 2-67　现场灌浆示意

原因分析：

1. 灌浆料搅拌时放料配比不对，搅拌完成后，时间过长流动性丧失。

2. 灌浆前未封堵吊装施工水平缝，未设计灌浆分仓堵管。

3. 灌浆后养护时间太短，受到施工破坏。

防治措施：

1. 严格按产品出厂检验报告要求的水料比（比如 11%，即为 11g 水+100g 干料）用电子秤分别称量灌浆料和水，也可用刻度量杯计量水。

2. 先将水倒入搅拌桶，然后加入约 70%料，用专用搅拌机搅拌 1～2min 大致均匀后，再将剩余料全部加入，再搅拌 3～4min 至彻底均匀。搅拌均匀后，静置约 2～3min，使浆内气泡自然排出后直接使用，20～30min 内灌完。

3. 灌浆前墙板根部外沿水平缝用坐浆料挤压封堵（必要时可用角钢固定），采用电动灌浆泵灌浆时，一般单仓长度不超过 1m。如图 2-68 所示。

图 2-68　孔道灌浆

4. 通常，环境温度在15℃以上，24h内构件不得受扰动；当在5℃～15℃之间，48h内构件不得受扰动；当在5℃以下，构件接头部位应加热保持在5℃以上至少48h，期间构件不得受扰动。

【问题57】等高三梁交汇处吊装顺序错误

问题表现及影响：

吊装顺序错误导致构件无法落位。

原因分析：

1. 吊装前未根据构件锚固钢筋弯折方向编制准确的吊装顺序。

2. 构件生产锚固钢筋偏位，钢筋相互干涉。

防治措施：

1. 吊装前根据构件端部锚固钢筋弯折方向编制正确的吊装顺序。

2. 三梁交汇处，一般情况下先吊梁端下锚钢筋构件，次吊梁端直锚钢筋构件，最后吊梁端上锚钢筋构件（图2-36）。

3. 特殊情况下，三梁交汇处其中两个构件梁端锚固钢筋上锚，根据设计上锚距离编制吊装顺序，先吊梁端下锚钢筋构件，再吊梁端上锚钢筋构件，最后是梁端上调上锚钢筋构件（图2-69）。

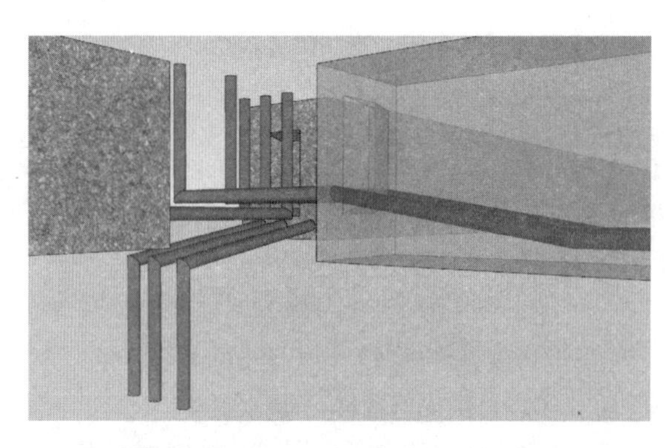

图2-69　三梁交汇特殊情况示意

【问题58】搁置式楼梯吊装施工难度大

问题表现及影响：

楼梯吊装落位时插筋对孔施工困难。

原因分析：

1. 休息平台预留插筋偏位或梯段安装偏位，梯段吊装落位时，插筋无法锚入灌浆孔。

2. 休息平台标高误差过大。

防治措施：

1. 休息平台标高影响梯段安装倾角和梯段净高，在安装前需检查休息平台标高是否准确。

2. 复核梯段控制线，确保梯段吊装落位时与休息平台准确对接，防止出现错位。

3. 复核休息平台预埋插筋精确度，确保梯段在落位时能一次性安装到位，减少构件在吊装时不必要的时间浪费。

4. 若休息平台板面插筋偏位较大，在征求设计同意后重新植锚入钢筋。如图 2-70 所示。

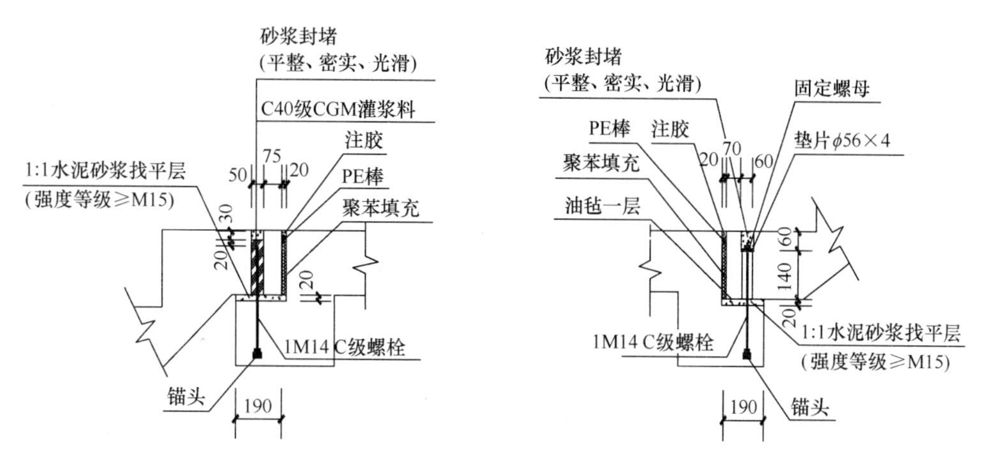

图 2-70 搁置式楼梯安装节点

【问题 59】自攻螺钉松动

问题表现及影响：

自攻螺钉滑丝导致连接件安装不稳固。

原因分析：

1. 自攻螺钉周转次数过多。

2. 楼面引孔过小，孔内未清理，螺钉丝杆磨损严重。

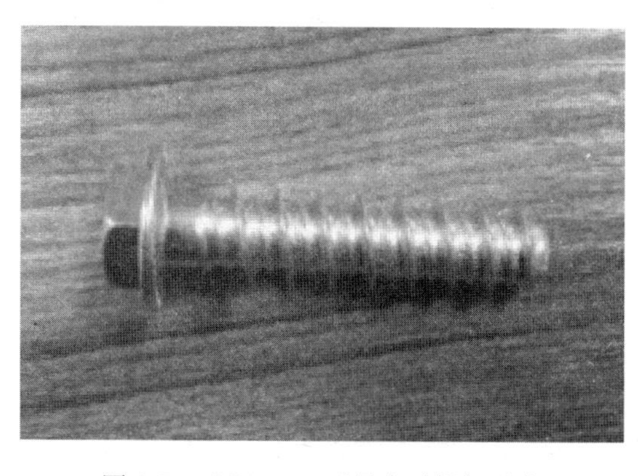

图 2-71 M10×75 型号自攻螺钉示意

防治措施：

1. 自攻螺钉（图 2-71）主要在 PC 构件斜支撑固定、铝模边口固定和部分连接固定件固定时使用，单个自攻螺钉周转使用次数为 3～5 次。

2. 应选择合适的钻花引孔，清理孔内灰尘。

3. 自攻螺钉安装前，电锤转孔垂直深度应满足螺钉固定要求，自攻螺钉安装时，螺母套在电动扳手上垂直旋转固定，防止安装不垂直或用力过猛损耗减少自攻周转使用次数。

【问题 60】叠合楼板堆放构件开裂

问题表现及影响：

叠合楼板堆放不合理导致叠合板损坏开裂。

原因分析：

1. 叠合楼板存放层数太高。

2. 叠合楼板存放架托梁设置不合理。

3. 叠合楼板垫木设置不垂直，出现反向剪切力。

防治措施：

1. 现场叠合楼板存放点应平整，满足地基承载力的要求，存放场地宜为混凝土硬化或经人工处理的自然地坪。

2. 叠合楼板存放支撑垫木设置点上下在一条垂直线上，小于4m的叠合板设置两根垫木支撑，大于4m的设置三根垫木支撑。如图2-72所示。

3. 桁架叠合楼板宜采用平放，以6层为基准，在不影响构件质量的前提下，可适当增加1～2层。

4. 预应力叠合楼板采用平放，以8层为基准，在不影响构件质量的前提下，可适当增加1～2层。

图2-72　叠合楼板存放

【问题61】墙体混凝土浇筑后，外墙板上下板错位

问题表现及影响：

墙体外表面露坎不平整。如图2-73所示。

原因分析：

1. 外墙连墙件安装不到位，严重处甚至未安装。

2. 墙柱混凝土浇捣时，墙板侧压力太大偏位。

3. 下层外墙板外移偏位，上层吊装时未及时校正，外墙偏位累计叠加，导致墙板偏位更大。

图2-73　上下墙板错位

防治措施：

1. PC构件竖向拼缝安装一字连接件，转角拼缝安装L形连接件，根据墙板受力，一般安装3～5道连接件加固。

2. PC构件安装不少于两个限位与楼板面固定，限制构件发生水平位移。

3. 若安装PC构件在外立面出现较大偏差，在处理构件安装偏差时，切记勿一次性调差到位，可以采用逐层调差，经过 3～5 层完成最终校正，同时确保墙体外立面平整美观。

【问题 62】叠合梁截面尺寸偏大

问题表现及影响：

叠合梁未按设计图纸生产，截面尺寸偏大，模板安装困难。如图 2-74 所示。

图 2-74　叠合梁尺寸测量

原因分析：

工厂生产时，构件模具制作及安装尺寸偏大。

防治措施：

1. 现场凿除预制构件超出尺寸的混凝土，或切割构件与模板结合处模板尺寸，准确安装。如图 2-75 所示。

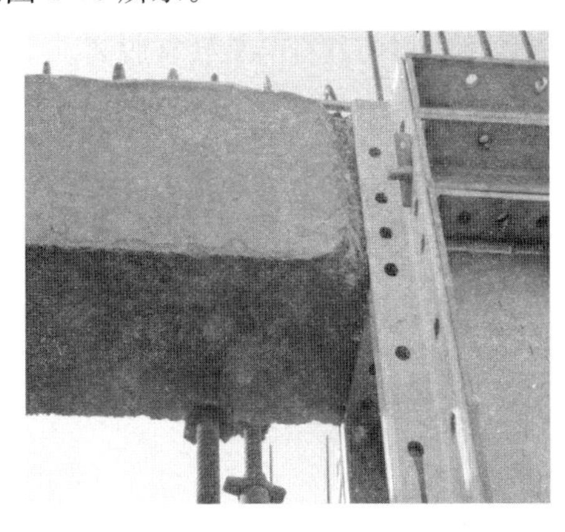

图 2-75　模板、叠合梁安装节点

2. 工厂生产模具拼装后对尺寸进行检查和校核。
3. 预制构件进场应对其外形尺寸偏差、外观质量、预留预埋件等内容进行验收。
4. 预制构件模具尺寸的允许偏差和检验方法应符合表 2-11 的规定。

预制构件模具尺寸的允许偏差和检验方法　　　表 2-11

检验项目及内容		允许偏差（mm）	检验方法
长度	≤6m	1，－2	用钢尺量平行构件高度方向，取其中偏差绝对值较大处
	＞6m 且≤6m	2，－4	
	＞12m	3，－5	

续表

检验项目及内容		允许偏差（mm）	检验方法
截面尺寸	墙板	1，－2	用钢尺量测两端或中部，取其中偏差绝对值较大处
	其他构件	2，－4	
对角线差		3	用钢尺纵、横两个方向量测对角线
侧向弯曲		$L/1500$ 且≤5	拉线，用钢尺量测侧向弯曲最大处
翘曲		$L/1500$	对角拉线，测量交点间距离值的两倍
底模表面平整度		2	用 2m 靠尺和塞尺量
组装缝隙		1	用塞片或塞尺量
端模与侧模高低差		1	用钢尺量

注：L 为模具与混凝土接触面中最长边的尺寸。

【问题 63】墙板校正方法不当

问题表现及影响：

墙板发生倾斜且校正时间长。

原因分析：

斜支撑调整垂直度时，同一构件上所有斜支撑旋转方向不统一。

防治措施：

1. 现场将旋转方向错误的斜支撑反方向缓慢旋转，旋转到与另一构件在同一平面内时，用靠尺复核墙板垂直度，满足要求后，固定 L 形连接件。

2. 用铝合金挂尺复核墙板垂直度后，同一构件上所有斜支撑向同一方向旋转，以防构件受扭。旋转时应时刻观察撑杆的丝杆外漏长度，以防丝杆与旋转杆脱离。

【问题 64】工字形三块墙板吊装顺序有误

问题表现及影响：

工字形三块墙板先完成了两端墙板吊装，导致第三块墙板安装困难。如图 2-76 所示。

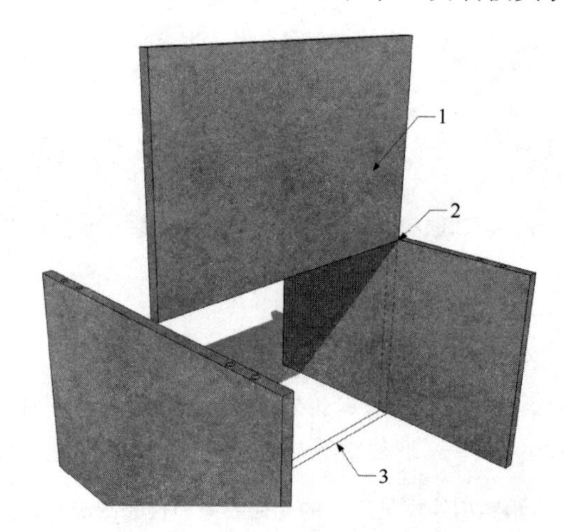

图 2-76　工字形隔墙板安装示意

1—第三块墙板；2—预留板间缝隙较小；3—墙板落位边线

原因分析：

由于工字形中间墙板预留尺寸为构件长度＋20mm，先吊装两侧隔墙板再吊中间墙板，吊装落位困难，容易碰撞两端墙板，导致构件偏位。

防治措施：

1. 选择侧边较方便吊装的墙板，先将其吊离，放置在楼板较空旷位置；中间墙板吊装就位安装后，再将端侧墙板吊回安装。

2. 按顺序吊装，先吊装侧面隔墙板，再吊装中间隔墙板，后吊装另一侧隔墙板。如图 2-77 所示。

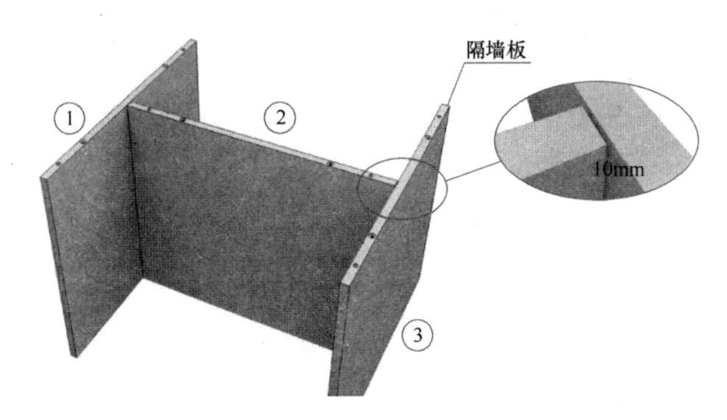

图 2-77　工字形隔墙板吊装顺序

【问题 65】外墙板拼缝内背衬材料填堵不合格

问题表现及影响：

外墙拼缝内背衬材料填塞不进、填塞后宽深比不合适、背衬材料不稳固。

原因分析：

1. 外墙板拼缝内有浮浆、杂质，背衬材料填堵不进去、不稳固。

2. 选用填充材料与缝宽不匹配。

3. 未根据实际墙板拼缝宽度填充背衬材料，拼缝宽深比不合适。

防治措施：

1. 测量接缝的宽度以及深度，确认是否符合设计标准，接缝内是否有浮浆等残留物。如图 2-78 所示。

2. 板缝中浮浆、杂质等用钢钎或铲刀铲除，用毛刷清扫干净。如图 2-79 所示。

图 2-78　外墙板拼缝测量

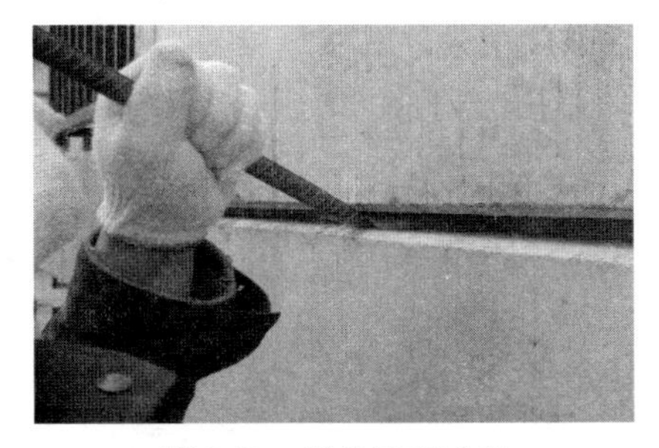

图 2-79　拼缝清理示意

3. 根据缝隙宽度合理选择填充背衬材料的规格，背衬材料规格略大于拼缝宽。如图 2-80、图 2-81 所示。

4. 填充完成后，确认缝隙深度和宽度是否与泡沫棒相配套。

5. 牢固粘贴美纹纸后刷底涂，对拼缝处打胶处理。如图 2-82 所示。

图 2-80 横向拼缝背衬材料填堵示意

图 2-81 竖向拼缝背衬材料填堵示意

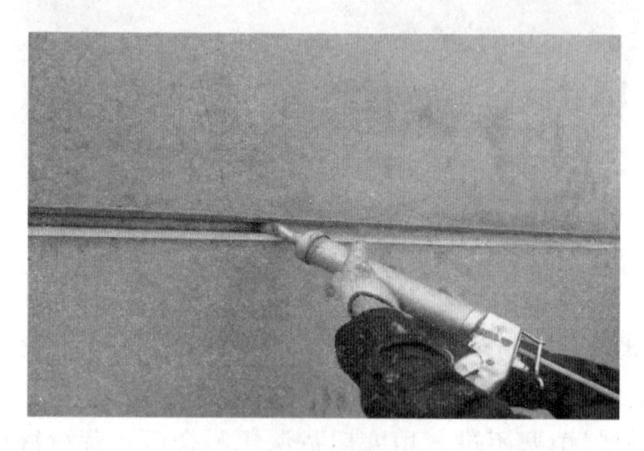

图 2-82 拼缝打胶示意

【问题 66】叠合楼板测量放线预留孔洞偏位或遗漏

问题表现及影响：

叠合楼板预留放线定位孔偏位或遗漏，导致控制点无法引至下一层施工楼面，测量放线无法进行。

原因分析：

1. 未和 PC 构件工厂交底，生产过程未预留。

2. 工人操作不当，预留位置不准确或未预留。

防治措施：

1. 标准层施工前向工厂进行交底，明确放线定位孔预留位置。如图 2-83 所示。

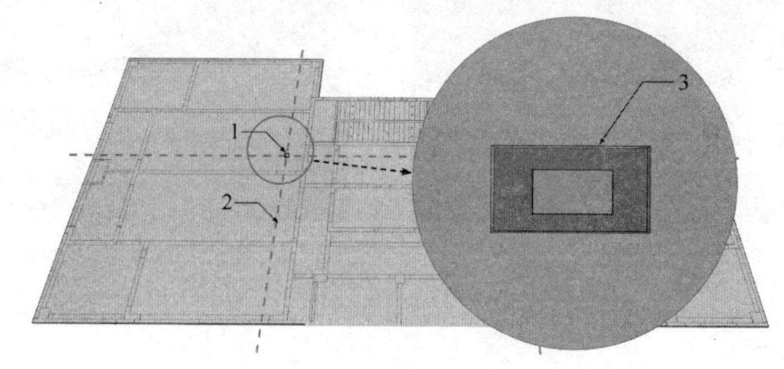

图 2-83 叠合楼板测量放线预留孔示意

1—内控点；2—主控线；3—叠合楼板内控点预留放线定位孔

2. 加强 PC 构件生产过程监督，及时检查是否偏位或遗漏。

3. 对于偏位的预留孔，按照规范要求封堵；在正确位置重新开孔，并做好洞口加强。

【问题 67】外挂板吊装后，L 形连接件漏装

问题表现及影响：

外挂板吊装后，根部 L 形连接件漏装，构件受力存在重大安全隐患。如图 2-84 所示。

图 2-84 外挂板连接件漏装

原因分析：

1. 吊装人员在外挂板落位后仅安装斜支撑。

2. 现场施工管理人员未检查，事后未补装连接件。

防治措施：

1. PC 构件吊装施工操作顺序：挂钩—起吊、吊运—构件落位—调整—安装斜支撑—校正—取钩—安装连接件。每块墙板安装应按操作工序施工，确保安装质量。

2. L 形连接件（图 2-85）安装可根据墙板预埋套筒位置对应安装。

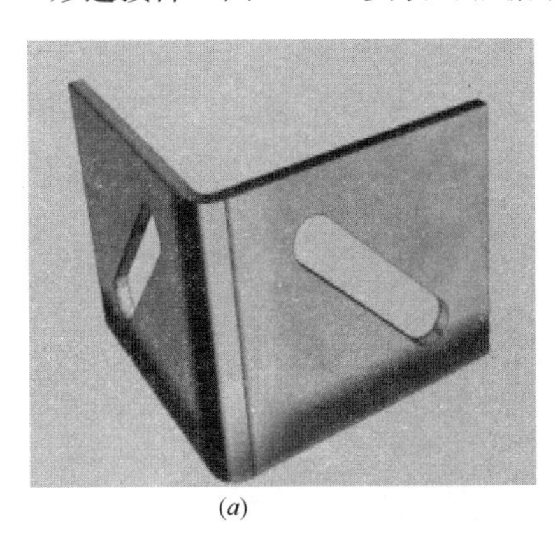

(*a*)

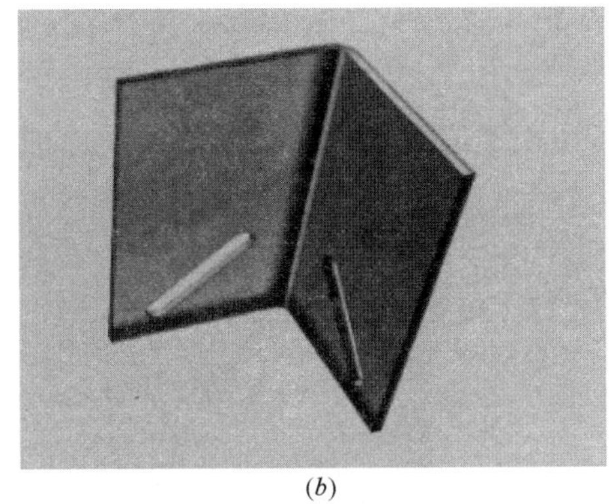

(*b*)

图 2-85 L 形连接件示意

(*a*) L 形连接件（125mm×100mm×5mm）；(*b*) L 形加高连接件（125mm×220mm×5mm）

3. 构件安装完成后，下道工序施工前，应检查 PC 构件连接件是否都已经安装到位。

【问题 68】L 形连接件安装错误

问题表现及影响：

L 形连接件安装用短钢筋与柱筋焊接或连接件螺孔漏装。如图 2-86 所示。

图 2-86　L 形连接件安装问题示意

原因分析：

1. L 形连接件固定孔螺钉未安装。

2. 因楼板面混凝土强度不够，连接件螺钉固定不稳，现场用钢筋头与墙柱钢筋焊接加固。

防治措施：

1. 楼板面混凝土浇捣后，混凝土强度达到 75%时，方可满足 L 形连接件螺钉锚固要求。

2. 现场禁止采用钢筋头点焊墙柱主筋连接方式固定。如因现场环境需要，可根据墙板安装固定套筒位置埋设固定钢板，连接件与钢板焊接加固。

【问题 69】反坎上墙板固定不合理

问题表现及影响：

墙板根部漏装限位件，墙面斜支撑固定点太低且数量少，影响构件安装稳定性。如图 2-87 所示。

图 2-87　反坎上墙板安装固定问题示意

原因分析：

1. 反坎上 PC 构件固定仅靠斜支撑无法满足固定要求，现浇墙柱混凝土浇筑时，单根斜支撑无法限制构件侧向位移。

2. 反坎上 PC 构件根部未装限位件，无法限制墙板水平位移。

防治措施：

1. PC 构件安装斜支撑布置要求：长度在 6m 以下的 PC 构件，安装布置两根，长度在 6m 以上的 PC 构件，安装布置三根，且布置在墙板的同一侧，斜支撑墙面固定点为构件高度的 2/3。

2. 墙板根部长边和短边方向安装 L 形连接件，限制墙板水平位移。如图 2-88、图 2-89所示。

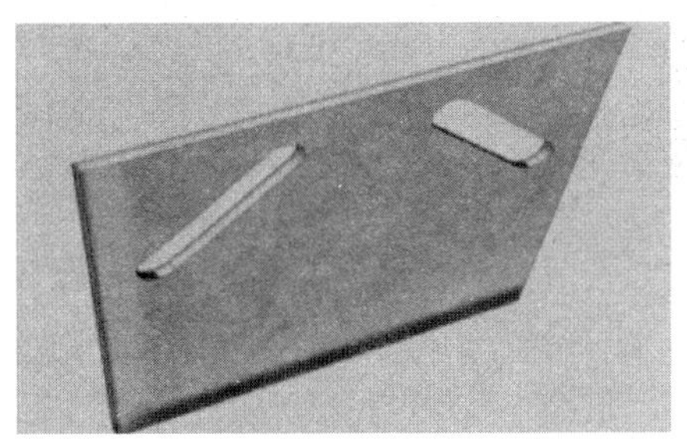

图 2-88　一字加高连接件（220mm×220mm×5mm）示意

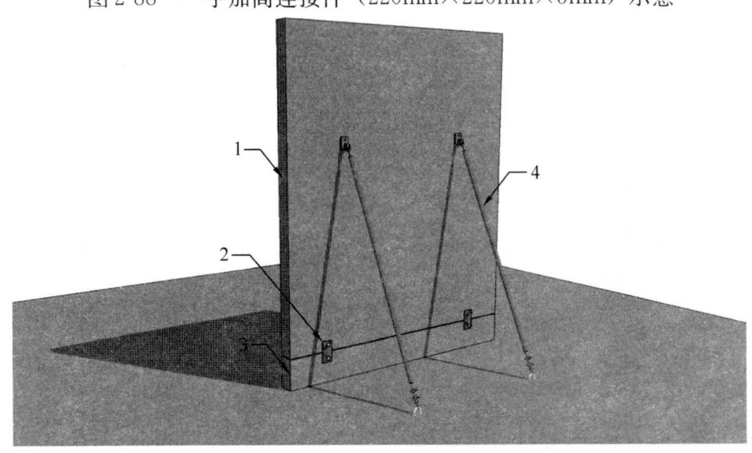

图 2-89　墙板加固示意

1—墙板；2——字加高连接件；3—反坎；4—斜支撑

【问题 70】转角叠合梁未采取有效方式固定

问题表现及影响：

构件吊装落位后，仅有梁底支撑，无法限制构件水平位移。如图 2-90 所示。

原因分析：

1. 构件支撑架体与主体结构缺少有效拉结，稳定性差。

2. 7 字梁端与现浇剪力墙柱相接，后续工序施工碰撞、振捣，构件易倾倒。

防治措施：

1. 7 字形叠合梁支撑架体搭设完成后，上部水平杆与斜支撑拉结，且斜支撑与楼板面固定。

2. 叠合梁侧边安装加长斜支撑拉结加固，防止叠合梁受碰撞、振捣水平位移。如图 2-91 所示。

图 2-90　叠合梁安装、支撑示意

图 2-91　叠合梁安装、支撑、加固示意

【问题 71】吊装时，钢梁弯曲变形

问题表现及影响：

构件在起吊过程中发生完全变形，影响吊装安全。如图 2-92 所示。

图 2-92　构件吊装钢梁变形

原因分析：

1. 组成钢梁的钢材性能参数不符合要求。

2. 钢梁下部钢丝绳水平夹角过大。

3. 插销未松。

防治措施：

1. 严格按钢梁加工图上所用材料焊接加工。

2. 选择正确的吊点，使钢梁下部钢丝绳水平夹角不大于 60°。

【问题 72】混凝土浇筑过程中，外挂板发生偏位

问题表现及影响：

混凝土浇筑过程中，充当现浇剪力墙、柱模板的外挂板发生跑模，影响外立面整体效果。

原因分析：

1. 模板对拉杆没有水平且竖向间距过大。

2. 外墙板底部没有设置定位件，或定位件数量不够，定位件与预制墙板的连接螺栓及墙柱竖向钢筋没有电焊。

3. 没有安装预制墙板直接的连接件或连接件数量不够，连接螺栓没有与连接件电焊。

防治措施：

1. 模板对拉杆的水平及竖向间距严格按照计算间距布置，不可随意布置。

2. 定位件及连接件间距、位置、数量严格按照以往项目经验值布置。

3. 定位件与剪力墙柱竖向钢筋电焊固定，定位件及连接件连接螺栓电焊与其固定。

【问题 73】拉钩式斜支撑现场安装时，找不到对应的拉环

问题表现及影响：

斜支撑无法安装，墙板无法固定。

原因分析：

1. 竖向构件斜支撑布置图中遗漏。

2. 楼板 PC 构件详图设计时遗漏。

3. PC 构件设计时，由于墙板上的预埋套筒与墙板内的其他预留预埋有冲突，调整了位置，但楼板设计没有修改；或楼板上的预埋拉环调整了位置，但墙板上的预埋套筒没有调整位置。

4. 工厂在生产楼板时遗漏。

5. 现场在浇筑楼面混凝土时没有预留。

防治措施：

1. 如果是在设计时遗漏，或只调整了墙板上的预埋套筒，或只调整了楼板上的预埋拉环，需修改设计。

2. 工厂生产时，严格按照 PC 构件设计图纸加工生产，并将拉环与吊环区分开来。

3. 现场在浇筑楼板混凝土之前，将所有拉环套上 PVC 套管，并在浇筑楼面混凝土时预留拉环。

【问题 74】预制外墙板拼缝连接件裸露在外

问题表现及影响：

预制外墙板之间的连接件裸露凸出于墙板面，装饰装修层无法覆盖。

原因分析：

拆分预制外墙板时，预制外墙板拼缝处无现浇剪力墙柱，导致预制外墙板之间的连接件裸露并凸出于预制墙板表面，后期装饰装修层无法覆盖。

防治措施：

1. 在预制外墙板安装连接件的位置做30mm深的压槽，根据实际使用的连接件尺寸确定，长和宽的尺寸一般比连接件长和宽的尺寸大10～20mm，后期用砂浆或细石混凝土封堵。如图2-93所示。

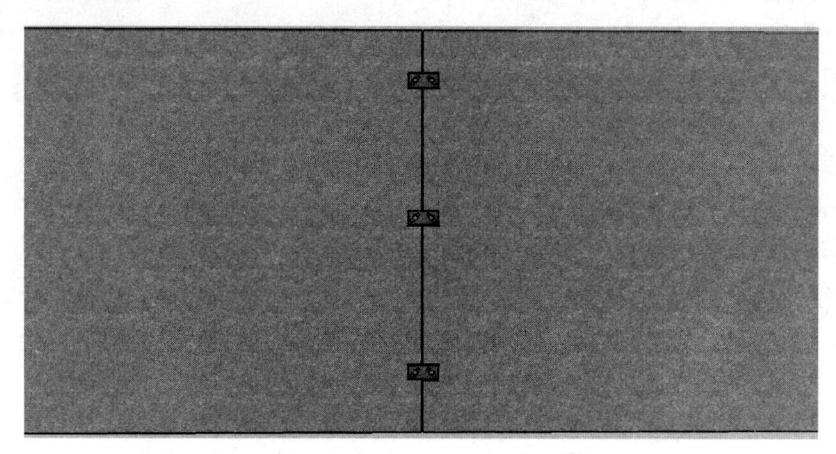

图2-93　构件安装一字连接件布置示意

2. 如还在预制构件设计阶段，可考虑重新制定拆板方案。

【问题75】7字形预制墙板安装后容易开裂

问题表现及影响：

7字形预制构件在吊装完成之后，角部出现开裂，影响构件的安全使用。如图2-94所示。

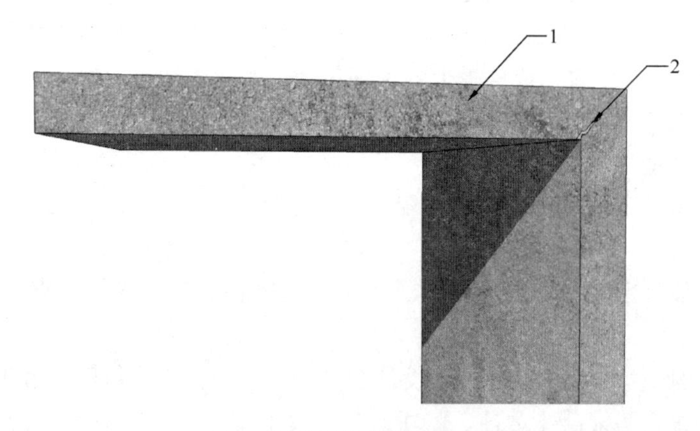

图2-94　7字形预制构件角部开裂示意

1—7字形预制构件；2—角部开裂

原因分析：

1. PC构件设计或工厂加工时，没有做角部钢筋加强。

2. 现场安装之后，悬空一端没有搭设支撑。

防治措施：

1. PC构件设计时，增加角部加强筋。

2. 现场吊装完成之后，在悬空端搭设支撑。如图 2-95 所示。

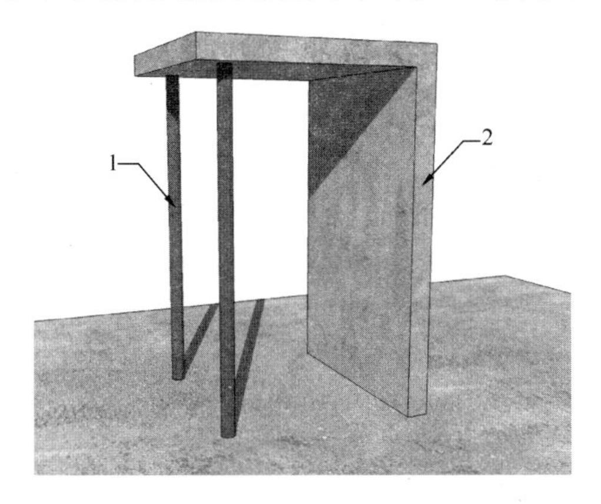

图 2-95 7 字形预制构件悬挑部位加固示意

1—支撑构件悬空端；2—7 字形预制构件

【问题 76】PCF 板吊装组织不合理

问题表现及影响：

吊装 PCF 板时，不便于临时支撑固定。

原因分析：

PCF 板在安装过程中用普通方法安装斜支撑困难。

防治措施：

1. 一字形 PCF 板在墙板上可以预埋。如图 2-96 所示。

图 2-96 PCF 板斜支撑安装示意

2. 可以在其余外墙吊装完成之后再吊装 PCF 板，在外侧与相邻的预制构件用连接件加固后取钩，等上层竖向预制构件吊装时再拆除连接件。

【问题 77】预制构件吊装防坠措施不到位

问题表现及影响：

在吊装 4m 以下的竖向预制构件时，现场吊装防坠措施不到位，墙板在吊装过程中，由于某个卸扣没有扣稳或某个吊钉脱落而引发安全事故。

原因分析：

1. 在吊装外墙时没有用到所有吊点。

2. 在吊装 4m 以下内墙板时，没有穿保护绳。

防治措施：

1. 设计阶段所有外墙都有设置 4 个吊点，起吊过程中必须采用 4 点起吊。

2. 设计阶段所有长度小于 4m 且没有预留门洞口的都有设置穿安全绳孔洞，起吊时除了要采用 2 点起吊外还应穿保护绳。

【问题 78】钢丝绳选配不合理

问题表现及影响：

吊装构件时，钢丝绳断裂。

原因分析：

1. 钢丝绳没有及时保养、维修、更换。

2. 在选择钢丝绳时，没有根据最重构件计算。

防治措施：

1. 参照《起重机钢丝绳保养、维护、检验和报废》GB/T 5972—2016，及时对钢丝绳进行保养、维修、更换。

2. 在选配钢丝绳时，参照《施工计算手册》计算确定。起吊构件选配钢丝绳最小直径计算过程如下：

钢丝绳的容许拉力安全荷载计算公式（式（2-1））：

$$[S] \leqslant \alpha P/k \qquad (2\text{-}1)$$

式中 S——钢丝绳的容许拉力（kN）；

P——钢丝绳的破断拉力（kN）；

α——考虑钢丝绳之间荷载不均匀系数，对不同型号钢丝绳，α 分别取不同系数；

k——钢丝绳使用安全系数，需查取计算手册。

构件钢丝绳的分布情况如图 2-97 所示。

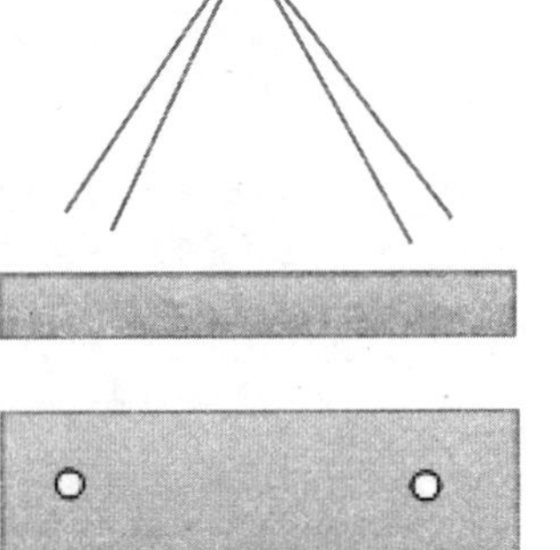

图 2-97 构件吊装钢丝绳验算

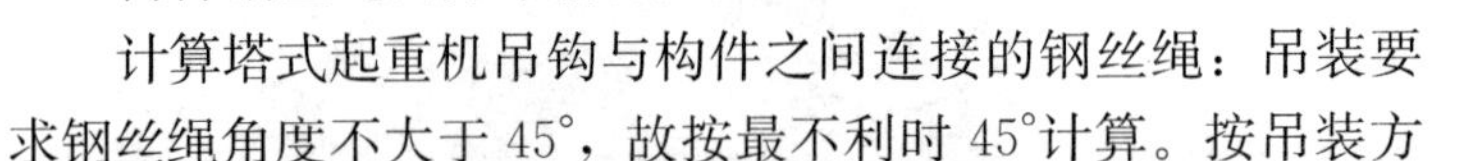

计算塔式起重机吊钩与构件之间连接的钢丝绳：吊装要求钢丝绳角度不大于 45°，故按最不利时 45°计算。按吊装方案要求，计算楼板最重构件吨位、构件起吊点数，则每根钢丝受到的拉力大小（式（2-2））：

$$P \geqslant k[S]/\alpha \qquad (2\text{-}2)$$

进而查表求得钢丝绳最小直径，达到最安全的抗拉强度。

【问题 79】楼板上预埋线盒及孔洞与设计图纸不符

问题表现及影响：

叠合板安装完成之后，预埋线盒及孔洞与建筑设计图纸不匹配。

原因分析：

1. 预制构件深化设计过程中，与原建筑、水电图纸中的定位尺寸、线盒或孔洞大小及位置不符。

2. 工厂生产时，预埋线盒及孔洞位置偏位，或叠合板上箭头与设计图纸不相符。

3. 现场安装方向错位。

防治措施：

1. 检查预制构件深化设计图纸是否与原建筑图或水电图纸相符合。

2. 检查叠合板上预埋线盒或预留口是否与 PC 构件设计图纸相符合。

3. 检查现场安装方向是否正确。

【问题 80】搁置式楼梯吊装组织不合理

问题表现及影响：

搁置式楼梯吊装完成之后，现浇歇台板开裂。

原因分析：

现浇歇台板强度没有达到吊装搁置式楼梯强度。

防治措施：

一般项目采用搁置式楼梯，楼梯吊装进度慢于楼板吊装进度一层，这样既能保证施工的流畅，搁置式楼梯吊装完成之后也不会影响到现浇歇台板的结构使用安全。

【问题 81】灌浆后，接头处灌浆料不饱满

问题表现及影响：

接头排浆孔口灌浆料不饱满，影响接头连接强度。

原因分析：

1. 上下构件水平接缝处结合面不平整，个别套筒底部水平缝高度过小处（小于10mm）灌浆料通过阻力大，导致缺陷部位的套筒灌浆饱满度不能达到要求。

2. 构件结合面清理不干净，灌浆时，杂物随灌浆料进入套筒，堵塞排浆通道，导致排浆孔灌浆料不饱满。

3. 接头灌浆排浆管刚性不符合要求，构件预制时管道变形，使排浆管不畅，灌浆料无法通过，造成不饱满。

4. 构件底部连通腔密封材料与结构表面存在窄小间隙，套筒灌浆时，密封材料和不平整处有空气残留，灌浆排浆孔出浆并封堵后，被灌浆料回流填充残留空气占据空隙，排浆孔口浆料减少而不饱满。

防治措施：

1. 构件结合面凿毛处理应均匀，构件吊装前控制好板底标高，保证构件水平接缝高度不小于 10mm，缝隙最高分最低差值小于 10mm。

2. 构件安装前，应清洗和检查结合面，做到无杂质、异物等。

3. 灌浆排浆管进场前，应进行抽样检验，检验合格方可在构件中使用。针对构件灌浆排浆孔道，采用高压水检查其通畅程度，发现不畅通孔道应在出厂前治理。

4. 水平缝密封材料应具有良好塑性，内腔应衬模具材料压平内表面，避免干硬情况使用。

【问题 82】灌浆时，发生漏浆

问题表现及影响：

灌浆过程中，封缝密封材料漏浆，甚至串仓，导致接头灌浆不饱满，或灌浆料进入非灌浆处，造成质量隐患。

原因分析：

1. 灌浆过程中，由于封缝密封材料强度不足，灌浆后期压力较高情况下漏浆。

2. 连通腔灌浆完成后，密封材料处不严密进而缓慢渗漏灌浆料。

3. 分仓时，隔仓密封材料宽度不足，或未形成有效隔墙，压力下灌浆料串仓泄漏，构件外难以及时发现，导致套筒灌浆饱满后缓慢漏浆。

防治措施：

1. 使用性能可靠的密封材料，预留水泥浆料封缝坐浆料同条件试块，待抗压强度达到灌浆要求时，方可灌浆。

2. 严格按照封缝施工流程进行操作，并设计漏浆时的密封补救预案。

3. 灌浆当天应对灌浆套筒饱满度进行检查，发现问题及时做补浆处理。

【问题 83】灌浆料难以灌入结构

问题表现及影响：

灌浆过程中，使用灌浆设备无法将正常拌合的灌浆料送入灌浆孔道，接头灌浆饱满度存在重大隐患。

原因分析：

1. 非专业人员使用的灌浆料与灌浆套筒不匹配。

2. 灌浆料骨料过于粗大、流动性差，灌浆料在灌浆孔道内阻力大。

3. 灌浆设备工作压力不足，无法保证灌浆料的正常输送。

防治措施：

1. 严格按照《钢筋套筒灌浆连接应用技术规程》JGJ 355—2015 的要求，使用与灌浆套筒相匹配的灌浆料。

2. 灌浆施工前，进行灌浆施工工艺验证，确保材料和工艺相匹配。

3. 使用满足本结构接头灌浆压力所需性能的专用灌浆设备。

【问题 84】混凝土构件表面缺少灌浆口或排浆口

问题表现及影响：

构件表面灌浆孔或排浆孔数量不符合接头设计要求，孔口被混凝土封堵，无法进行灌浆。如图 2-98 所示。

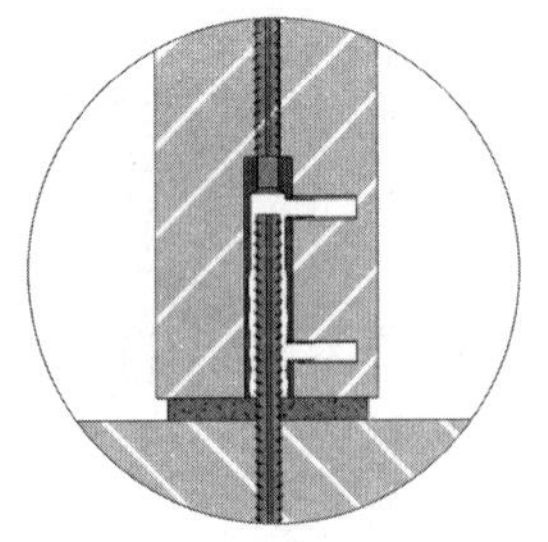

图 2-98 灌浆孔、排浆孔未外露示意

原因分析：

1. 构件制作过程中，模板和灌、排浆口中间有缝隙，浇筑混凝土后，封堵了本应外露的灌浆孔或排浆孔。

2. 构件灌浆管或出浆管破损，浇筑预制构件混凝土时，水泥填满了管道。

防治措施：

1. 构件浇筑混凝土前，检查灌、排浆管与模板的相对位置、密封情况，确保其紧贴模板，或与构件表面磁力座或密封件良好结合。

2. 检查灌浆排浆管，确保外表面无破损。

【问题 85】坐浆砂浆堵塞进浆孔道

问题表现及影响：

由于封缝或坐浆，坐浆砂浆进入套筒下口，堵塞进浆通道，如图 2-99 所示。

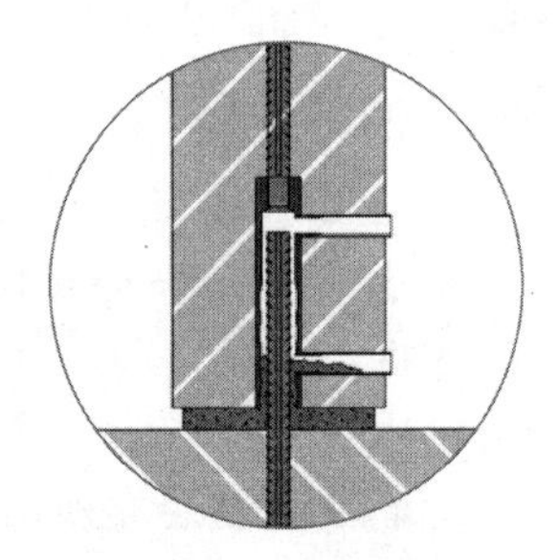

图 2-99 坐浆料进入灌浆套筒下口示意

原因分析：

构件安装前，灌浆套筒底部未放置封堵密封圈，或密封圈刚性不足，构件安装过程中，部分坐浆料被挤进套筒内腔下部。

防治措施：

使用强度高且具有可靠密封性能的密封圈，构件拼装前，检查垫圈安装情况，确保正确安装。

【问题 86】异物堵塞灌浆、排浆口

问题表现及影响：

PC 构件制作时，有碎屑或异物进入灌浆、排浆管口内，堵塞灌浆料通道，导致无法灌浆或灌浆不饱满等质量问题。如图 2-100 所示。

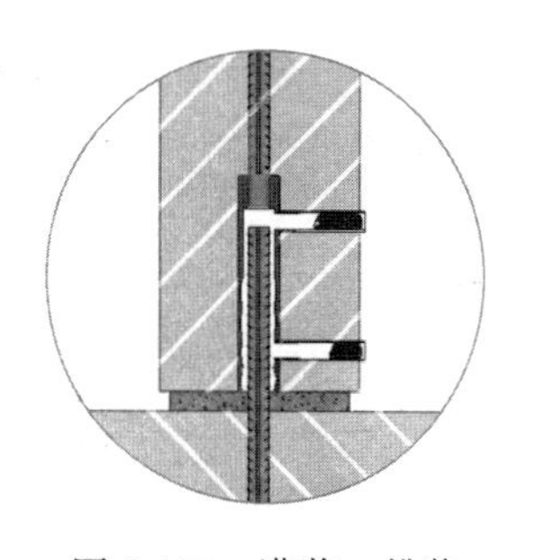

图 2-100 灌浆、排浆孔异物堵塞示意

原因分析：

构件制作或拆模过程中有杂物进入。

防治措施：

安装灌、排浆管后，用密封塞堵住出口，防止杂物进入。

【问题 87】钢筋贴套筒内壁，堵塞灌浆孔

问题表现及影响：

钢筋偏斜，构件安装完成后，钢筋贴壁，堵塞灌浆口，难以灌浆。如图 2-101 所示。

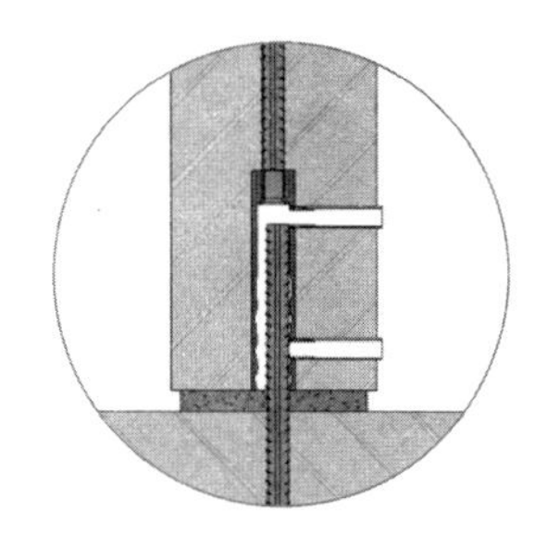

图 2-101 钢筋贴壁封堵注浆孔示意

原因分析：

贴壁钢筋与灌浆腔或灌浆接头内孔间隙过小，灌浆料无法顺利通过。

防治措施：

1. 生产预埋时，选择套筒内腔灌浆孔处沟槽深度大的灌浆套筒，使用与套筒匹配的灌浆料。

2. 使用前，检查灌浆接头内端面位置，发现堵孔可从溢浆孔灌入套筒内空腔。

【问题 88】留取灌浆料试块抗压强度不合格

问题表现及影响：

现场按楼层、班组留取的 28d 灌浆料试块抗压强度检验不合格。

原因分析：

1. 使用的灌浆料质量不合格。

2. 未按规范要求制作灌浆料试块。

3. 灌浆料试块在现场成型，养护不当。

防治措施：

1. 使用质量稳定的灌浆料产品，使用前检查产品外观，做好灌浆料试块现场制作的各项记录。

2. 加强灌浆施工队伍的建设，掌握灌浆料的正确使用和试块制作要求，灌浆料充分

硬化具有一定强度后脱模。

3. 试块上标记清晰正确的成型时间，放置在标养环境下养护 28d 后送检。

【问题 89】灌浆料流动性不足

问题表现及影响：

灌浆料流动度不足，导致孔道内灌浆困难，影响接头连接质量。

原因分析：

1. 使用凝结时间短的不合格灌浆料，在自然条件下，灌浆料凝结时间最低不得小于 30min；

2. 灌浆料搅拌过程不充分，或水灰比偏低，导致灌浆料流动度降低；灌浆料搅拌后，静置时间过长，在灌浆前未二次搅拌。

3. 未按照灌浆料使用说明进行拌制，加水过多，导致浆体离析或后期强度不足。

防治措施：

1. 使用灌浆料前，严格按照相关规程进行进场检验，避免灌浆料未检先用，杜绝使用不合格品；

2. 灌浆料使用时，应严格按照厂家提供的使用说明，规范搅拌方法，控制水灰比。

2.4 防护工程

【问题 90】预制装配式高层建筑外防护钢管架连墙安装困难

问题表现及影响：

外墙板吊装后，传统钢管式防护架体连墙件无法设置，影响外防护架安全。

原因分析：

预制装配式建筑所有外围护结构都是工厂生产好的 PC 构件，外墙不能随意开预留连墙孔。

防治措施：

1. 针对预制装配式建筑，根据结构形式和楼层高度，低层或多层建筑可在楼层操作面设置夹具式防护，以满足现场操作人员安全防护要求。

2. 对于高层建筑、外墙立面较规整的建筑，可采用外挂架外墙防护体系，该体系可循环使用，安装、提升、拆除简便，所需人工少，外挂架支点均设置在预制外墙板上，且不用开洞，适用于预制外墙类建筑。如图 2-102 所示。

(*a*)

(*b*)

图 2-102　防护体系示意

(*a*) 夹具式防护；(*b*) 外挂架外墙防护

【问题 91】叠合楼板使用传统钢管支撑架，搭设烦琐

问题表现及影响：

支撑架体搭设功效低，架管密集，现场施工不方便。

原因分析：

1. 架体立杆间距小，现场操作人员施工很不方便。

2. 搭设、拆除烦琐，零部件损耗量大，现场看起来比较混乱。

防治措施：

1. 推荐使用独立三角支撑体系配合工字木，该体系搭设、拆除支撑简便，某些部件可以提前拆除，减少了工作量。

2. 独立支撑架体立杆间距不超过 1.8m，根部仅需三角支撑架固定，架体内施工空间大，便于模板、管件的安装拆除。如图 2-103 所示。

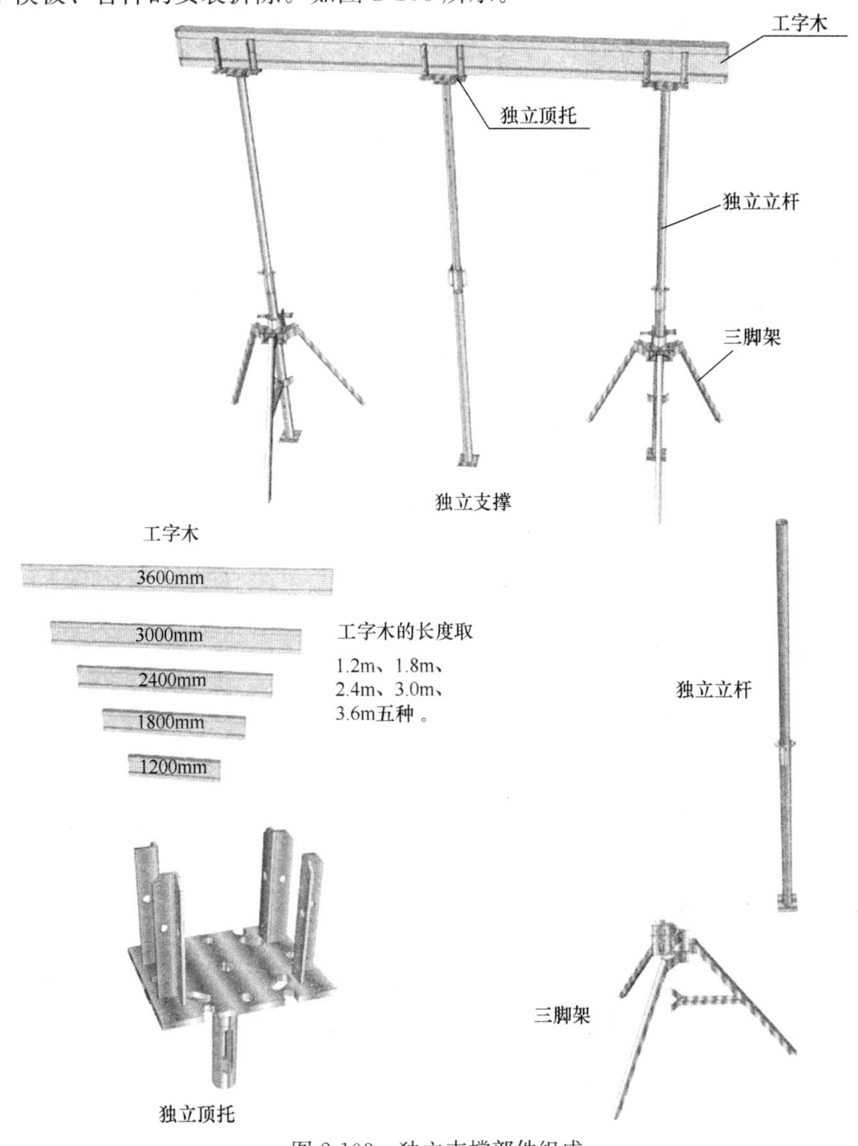

图 2-103　独立支撑部件组成

【问题 92】大模板墙柱浇筑时，防护架不到位

问题表现及影响：

施工操作人员站在大模板或墙板边振捣混凝土施工不安全。

原因分析：

墙柱混凝土浇筑时，混凝土振捣操作员没有操作面。

防治措施：

1. 在墙柱大模板上安装墙柱浇筑操作架。如图 2-104 所示。
2. 在外墙板上安装墙柱浇筑操作架。如图 2-105 所示。

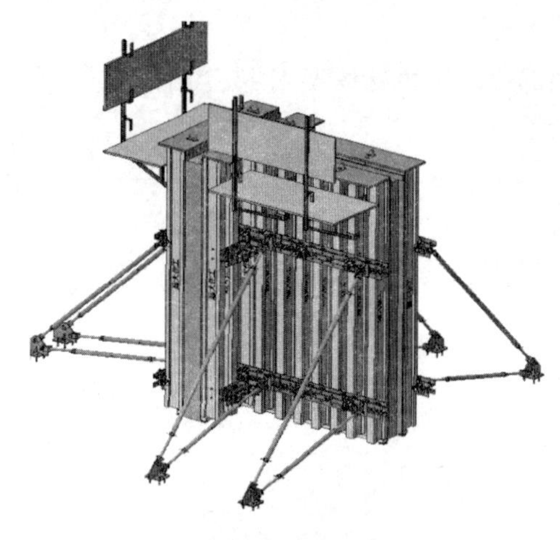

图 2-104　大模板操作平台防护示意

图 2-105　外墙三角防护架

【问题 93】临边窗台防护不到位

问题表现及影响：

窗台防护不到位，存在安全隐患。

原因分析：

预制装配式建筑一般采用外挂架防护，外骨架上移后，窗洞口无防护（外骨架只能覆盖 2.5 层）。

防治措施：

根据预制装配式建筑特点，结合现场实际施工经验，可对临边窗台做夹具式防护，并且可以根据临边窗台高度调整防护架体高低。如图 2-106、图 2-107 所示。

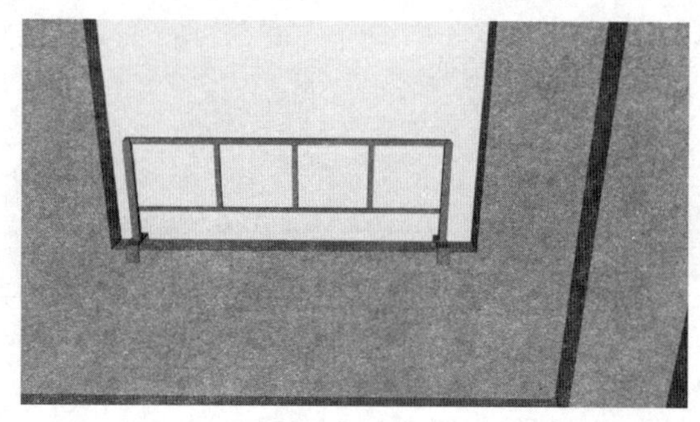

图 2-106　窗台防护

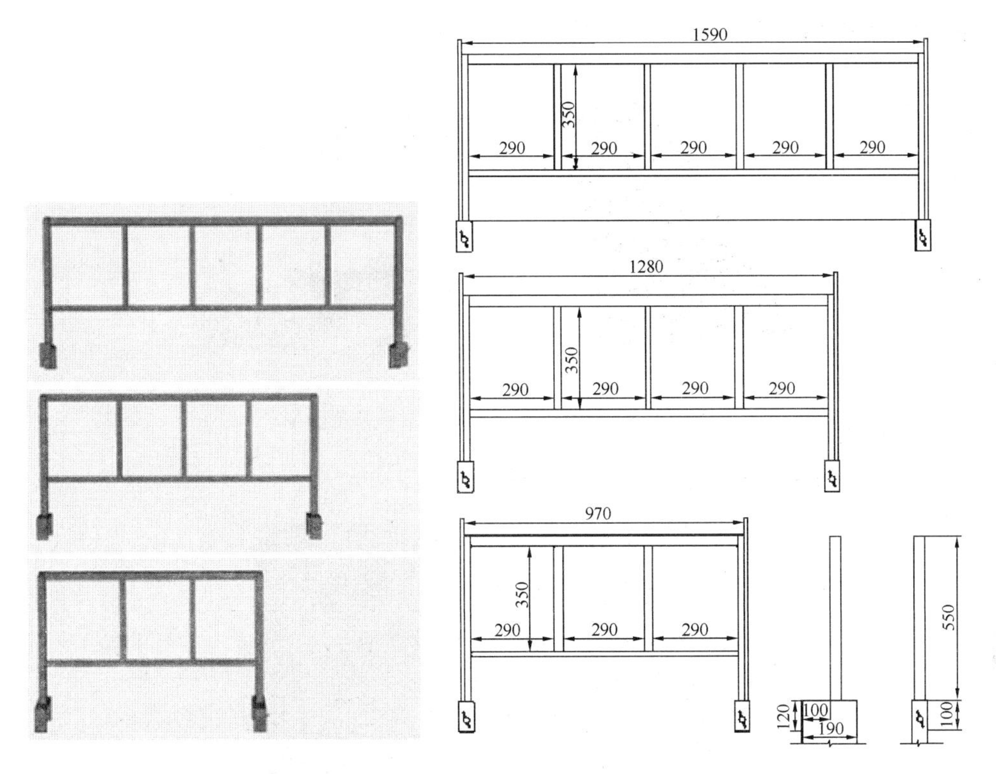

图 2-107　窗台夹具式防护型号

【问题 94】施工洞口防护不到位

问题表现及影响：

施工洞口覆盖不到位，存在较大安全隐患。

原因分析：

1. 现场施工洞口未设防护措施。

2. 现场防护太简单，防护做好后被移动破坏。

防治措施：

预制装配式建筑现场施工管理应编制合理的安全防护措施。

烟道口以图例示意（图 2-108）：

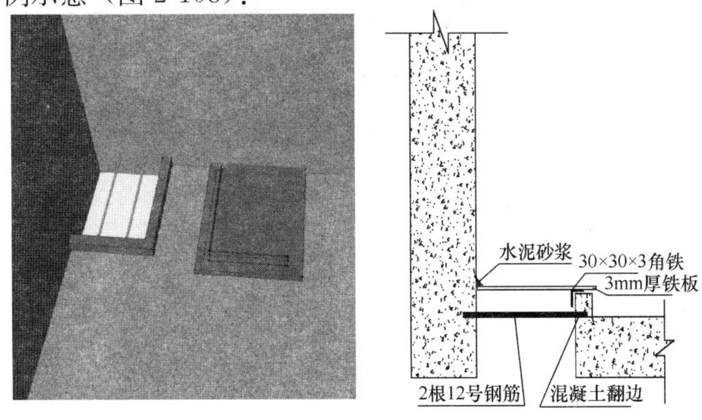

图 2-108　烟道口防护示意

伸缩缝口做法图例示意（图 2-109）：

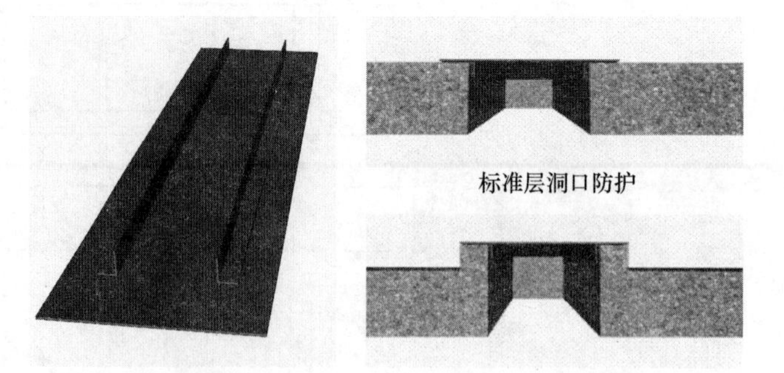

图 2-109　标准层与屋面伸缩缝处防护示意

大型施工洞口做法图例示意（图 2-110）：

图 2-110　楼层洞口防护示意

梯段歇台口做法图例示意（图 2-111）：

图 2-111　楼梯间防护示意

歇台板采用普通钢管架防护，该防护与歇台板底支撑一同搭设，在上一榀梯段吊装前拆除。

【问题 95】叠合楼板支撑架体拆除时间不合理

问题表现及影响：

叠合楼板变形开裂或支撑杆件周转使用率低，影响现场施工。

原因分析：

1. 支撑架体拆除时间过早且立杆拆除顺序不对。

2. 支撑架体拆除时间过长。

防治措施：

1. 独立支撑架体施工拆除顺序：(1) 当上层叠合楼板及现浇层浇筑完毕达到规定强度，拆除下层架体三脚架；(2) 当完成至第三层施工后，拆除第一层工字木中间（不带三脚架）立杆，且拆除第二层三脚架；(3) 当完成至第四层施工后，拆除第一层独立式支撑整体支架、第二层工字木中间立杆以及第三层三脚架。如图 2-112 所示。

2. 盘扣式支撑架体施工拆除顺序：(1) 楼板吊装完成后，可以拆除过道扫地杆，方便人员及材料搬运；(2) 三层楼面浇捣后拆除一层全部横杆和二层所有扫地杆，搭设三层杆件，上下层立杆应对准，在同一垂直受力点上；(3) 第四层架体搭设前，可拆除第一层板底支撑、第二层横杆和第三层扫地杆。如图 2-113 所示。

3. 钢管扣件式支撑架体施工拆除顺序：(1) 二层吊装时，拆除一层扫地杆；(2) 第三层吊装完成后，拆除第一层横向钢管及竖向钢管。如图 2-114 所示。

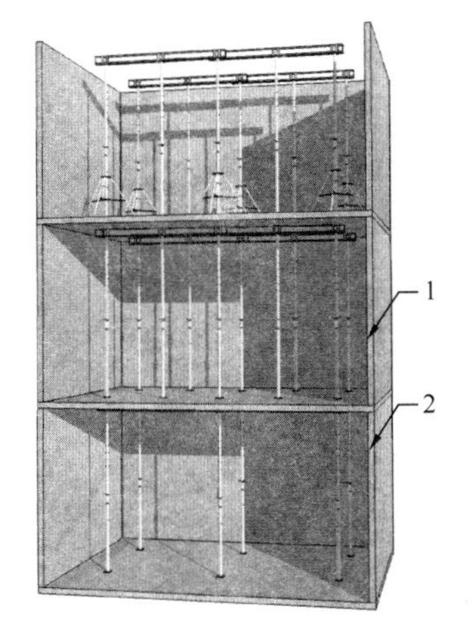

图 2-112　独立支撑拆除顺序
1—完成第三层施工后，拆除第二层三脚架；2—完成第三层施工后，拆除第一层工字木中间（不带三脚架）立杆

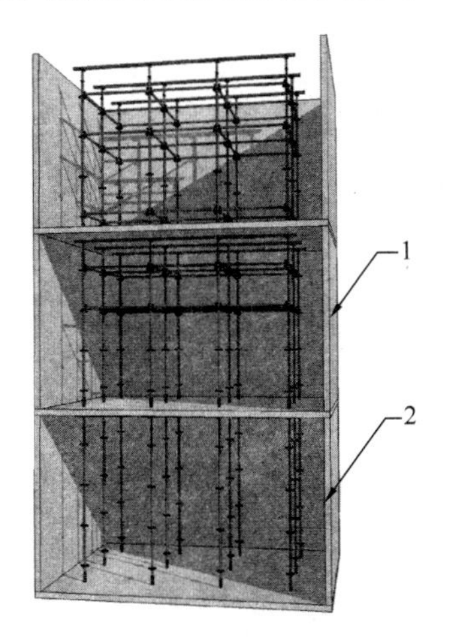

图 2-113　轮扣式支撑拆除顺序
1—三层楼板现浇完成后，模板拆除前，拆除二层所有扫地杆；2—三层楼板现浇完成后，模板拆除前，拆除一层横杆

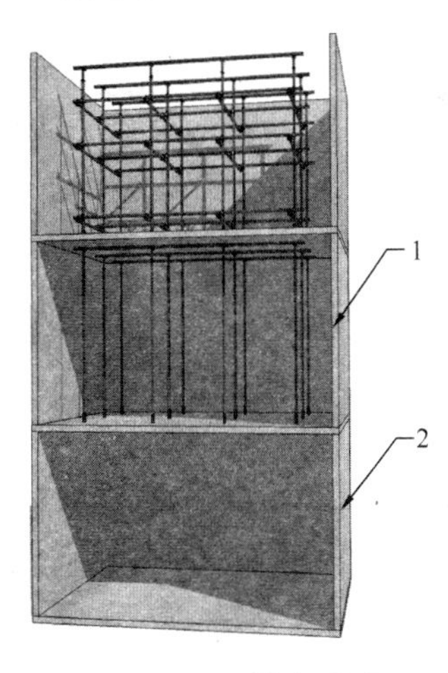

图 2-114　钢管扣件式支撑拆除顺序
1—拆除第二层横向钢管；2—拆除第一层横向钢管及竖向钢管

【问题 96】叠合梁支撑搭设不规范

问题表现及影响：

支撑立杆搭设位置不合理，影响叠合梁构件稳定性和模板安装。

原因分析：

1. 未采用叠合梁特制支撑架，构件固定烦琐，占用操作空间。

2. 支撑立杆布置过于靠近梁中部或者靠近梁端。

防治措施：

叠合梁采用 Z 形夹具或 U 形夹具，搭设简便，施工便捷，占用量很小，稳定性相对较好。

U 形夹具：

叠合梁底支撑，叠合梁紧靠外墙板，而外墙板在梁底支撑位置上没有打入固定夹具的自攻钉的空间。如图 2-115、图 2-116 所示。

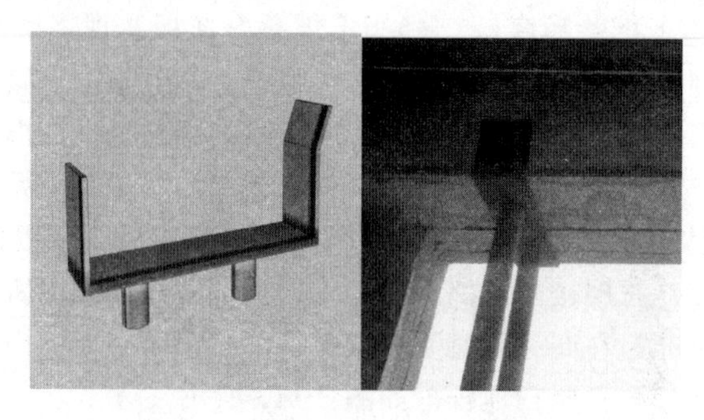

图 2-115　叠合梁 U 形夹具支撑

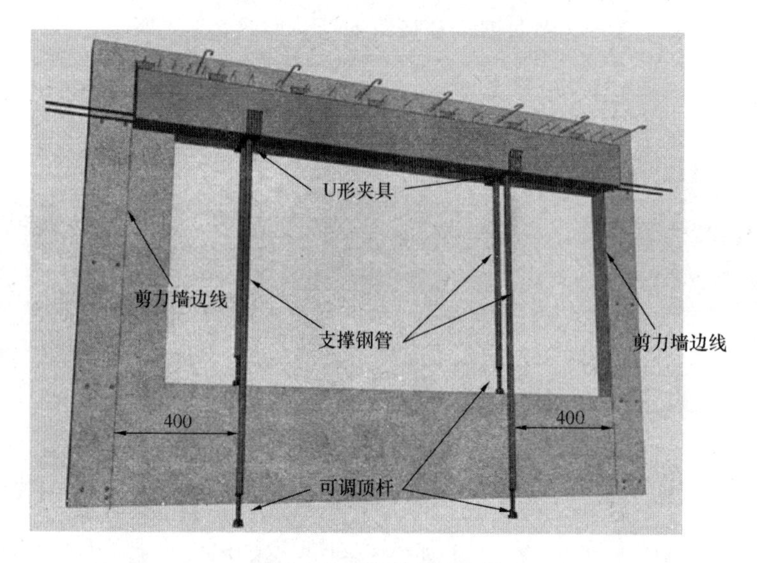

图 2-116　U 形夹具布置

Z 形夹具：

叠合梁底支撑，叠合梁紧靠外墙板，且外墙板在梁底支撑位置上有打入固定夹具的自攻钉的空间。如图 2-117、图 2-118 所示。

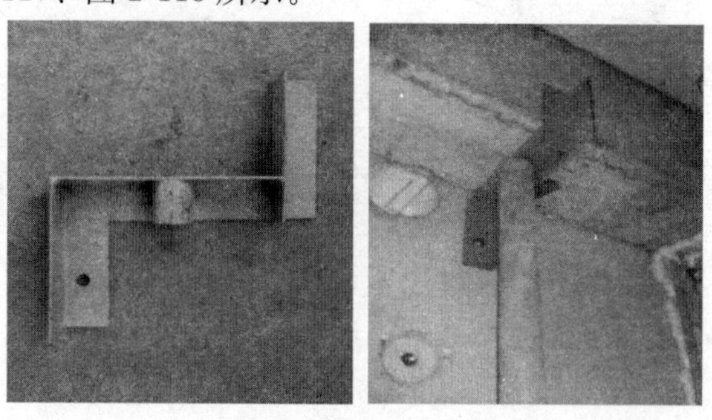

图 2-117　叠合梁 Z 形夹具支撑

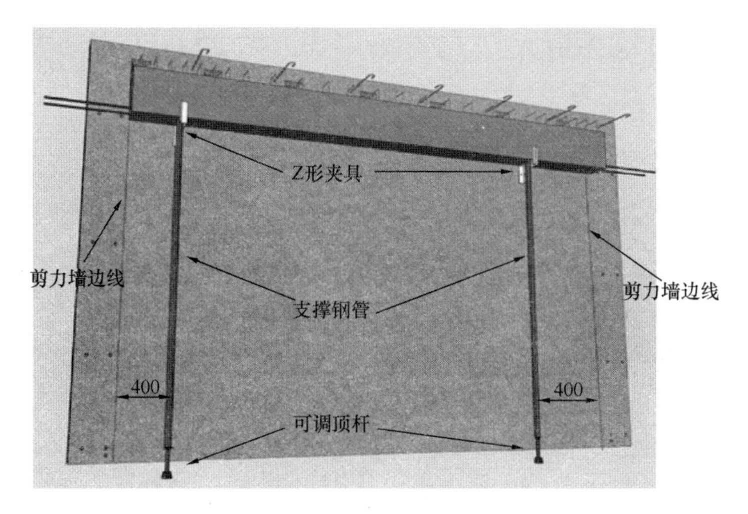

图 2-118　Z 形夹具布置

【问题 97】叠合楼板支撑搭设不合理

问题表现及影响：

立杆间距不合理，立杆离墙间距太小，影响铝模板拆除、运输。

原因分析：

1. 立杆离墙板柱边太近，模板安装拆除材料运输困难。
2. 立杆间距太小，材料使用浪费，架体空间小。
3. 立杆间距太大，支撑架体稳定性差，叠合楼板受力变形或开裂。

防治措施：

1. 叠合楼板三角独立支撑体系搭设要求：独立立杆间距小于 1.8m，离墙边距不小于 300mm 且不大于 800mm；当同一根工字木下两根立杆之间间距大于 1.8m 时，需在中间位置再加一根立杆，中间位置可不带三脚架，工字木布置方向需与叠合楼板预应力筋（桁架钢筋）垂直，工字木长端距墙边不小于 300mm，侧边距墙边不大于 700mm。如图 2-119～图 2-121 所示。

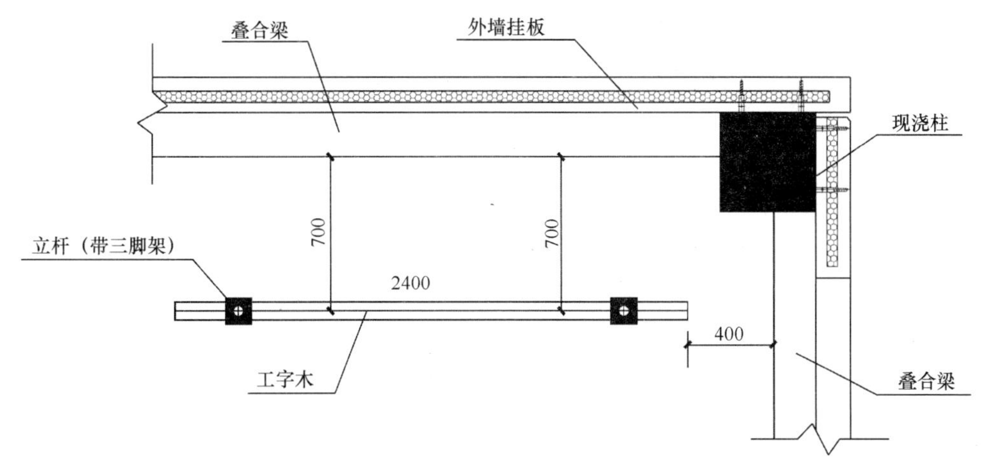

图 2-119　工字木布置间距要求

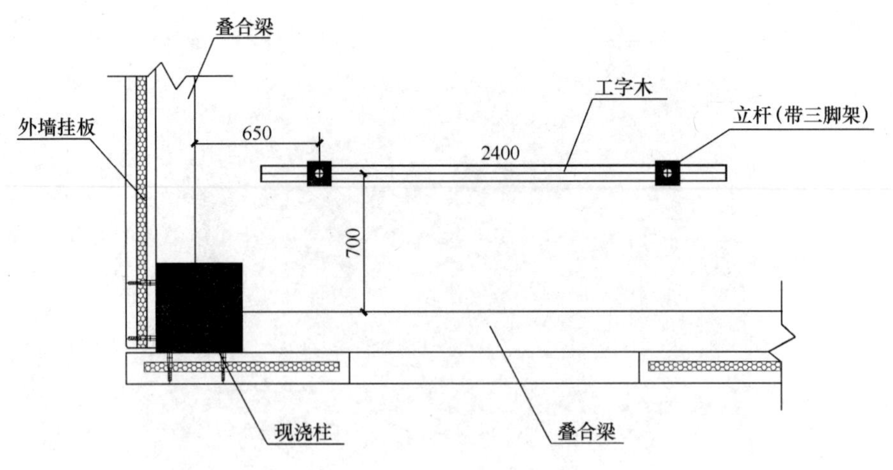

图 2-120　边立杆布置间距要求

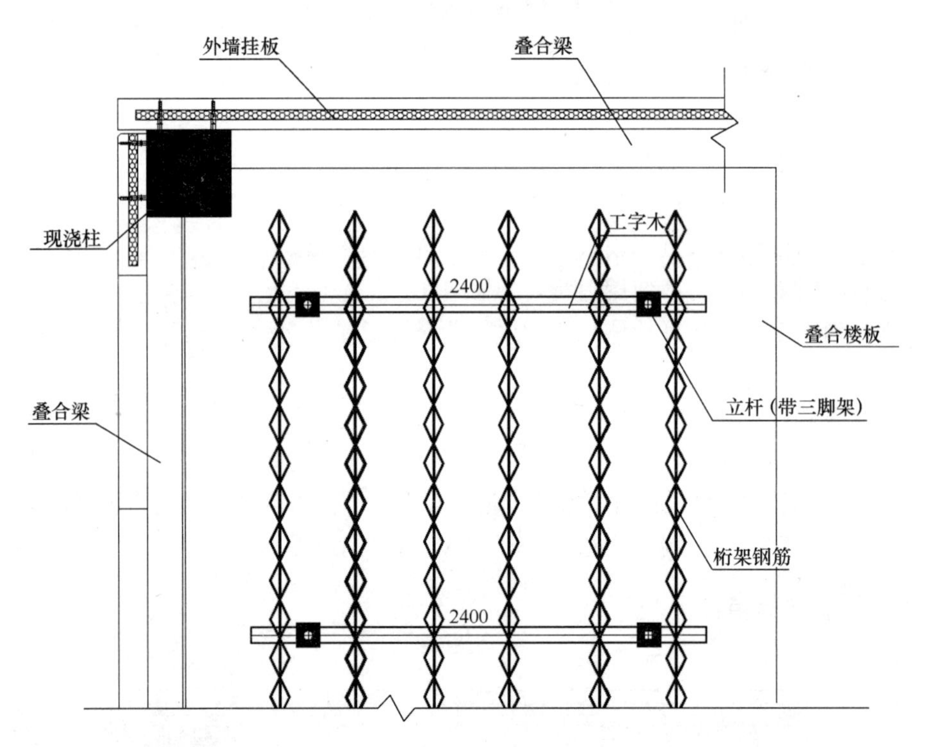

图 2-121　工字木与桁架钢筋垂直布置

2. 叠合楼板盘扣式支撑体系搭设要求：根据现场实际情况对架体承载力进行验算确定立杆间距；立杆距离剪力墙边不小于 500mm 且不宜大于 800mm，距预制墙端距离可适当调节，但不应少于 200mm；架体搭设完毕后安装可调托座，可调托座插入立杆不少于 150mm。如图 2-122 所示。

3. 叠合楼板钢管扣件式支撑架体搭设要求：立杆纵、横向间距均不得大于 1200mm，扫地杆距离地面不小于 200mm，上部间距不得大于 1.5m/道；立杆支撑上部采用 U 形托，U 形托与楞梁两侧间如有间隙，必须楔紧，其螺杆伸出钢管的立柱顶端沿纵横向设

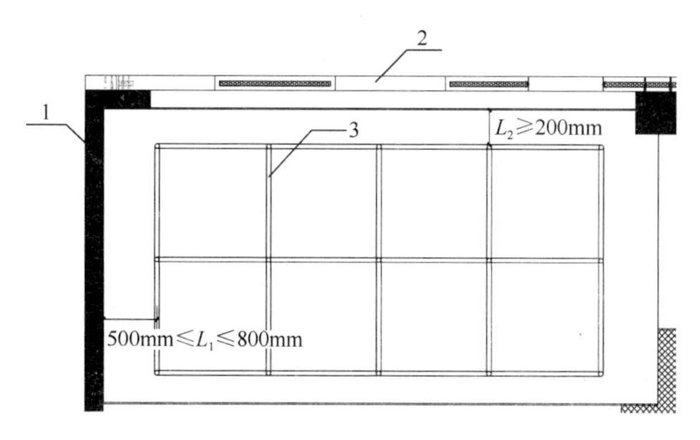

图 2-122　　盘扣式支撑平面支撑布置

1—剪力墙；2—预制墙体；3—盘扣式支撑

置一道水平，自由高度不得大于 500mm；搭设完毕后安装可调顶托，可调顶托插入立杆不得少于 150mm，伸出长度不宜超过 300mm；梁底需要单独加支撑，间距不超过 1000mm，且需与水平横杆同步距拉结。如图 2-123 所示。

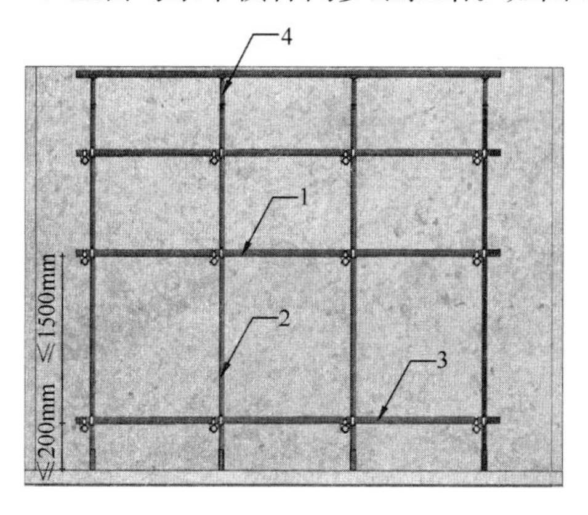

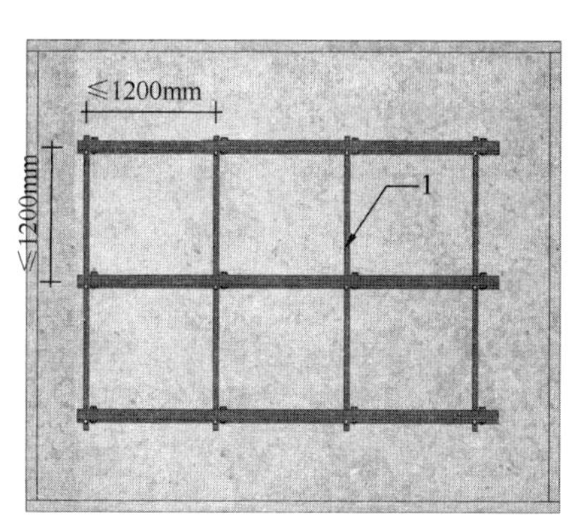

图 2-123　钢管支撑架搭设示意

1—横杆；2—立杆；3—扫地杆；4—可调顶托

【问题 98】夹具式防护布置有漏洞

问题表现及影响：

防护架间距过大，存在很大的安全隐患。如图 2-124 所示。

图 2-124　夹具式防护有漏洞

原因分析：

现浇剪力墙柱钢筋外侧夹具式防护较难安装，现场操作人员漏装。

防治措施：

现浇剪力墙柱外侧添加夹具式防护架，操作人员安装时做好安全保护措施，先安装夹具式立杆，再搭设水平横杆，使临边防护无漏洞。如图 2-125 所示。

图 2-125　夹具式防护搭设示意

【问题 99】无外架窗洞安全防护网，封堵不到位

问题表现及影响：

拆模杂物等从窗洞口位置落下，存在很大安全隐患。如图 2-126 所示。

图 2-126　外墙窗未设防护

原因分析：

1. 施工方案中未明确窗洞口安全防护网的设置。

2. 现场操作人员未设置窗洞口防护网。

防治措施：

1. 因预制装配式建筑外防护架和传统落地式钢管架有区别，在施工组织编制方案时，应考虑窗洞口，设置相应安全防护网，确保安全防护无死角。如图 2-127 所示。

2. 现场操作人员安全防护设置后，应进行检查，防止遗漏。

图 2-127　窗洞防护网示意

【问题 100】水平洞口防护不到位

问题表现及影响：

构件吊装时，现场吊装人员在洞口处易踩空，存在较大的安全隐患。

原因分析：

洞口未按照防护工程专项施工方案的要求进行防护搭设。

防治措施：

1. 对不符合防护工程专项施工方案要求的重新进行防护搭设。

2. 边长为 200～500mm（含 500mm）的水平洞口防护，洞口上部盖 18mm 厚木胶合板，用 $\phi 8$ 膨胀螺栓固定，严禁偷工减料。

3. 边长为 500～1500mm（含 1500mm）的水平洞口防护，洞口上部铺木枋（立放），间距 400mm，盖 18mm 厚木胶合板，用铁钉钉牢，木枋侧面与地面之间的缝隙也用 18mm 厚木胶合板封严。

4. 边长为 1500mm 以上的水平洞口防护，洞口周边设置交圈的 $\phi 48$ 钢管防护栏杆，立杆间距不大于 1800mm，防护栏杆下部设置 200mm 高、18mm 厚木胶合板挡脚板。

【问题 101】外挂式操作架过载

问题表现及影响：

施工过程中，操作架平台上堆放的水泥、钢筋等物品过载，存在较大安全隐患。

原因分析：

工人为施工方便，将工具或原材料等堆放至操作平台。

防治措施：

1. 外挂式操作平台计算时取 4 倍安全系数，额定使用荷载为架体每层 $420kg/m^2$，在外挂式操作平台上操作时，施工人员和材料堆载总和不得超过额定荷载。如图 2-128 所示。

2. 现场施工过程禁止在操作平台上堆放工具或原材料等物品。

图 2-128　外挂架堆载试验

【问题 102】外挂式操作架使用后，质量不合格

问题表现及影响：

外挂式操作架外观、强度等质量不合格，影响施工使用安全。

原因分析：

1. 存放过久，导致表面锈蚀、强度下降等质量缺陷。
2. 使用过程中，发生碰撞等导致损坏。

防治措施：

1. 进场时必须对其外观、壁厚等项目进行验收，合格后才能进场。
2. 使用过程中注意保护，按照相关操作流程进行安装、提升、拆卸等作业。
3. 发现有缺陷后及时修复或更换，定期做好维修保养。如表 2-12 所示。

外挂式操作平台维保频率表　　表 2-12

名称	维保内容	维保时间	备注
直线标准节	外观形变，防腐防锈，焊缝	1周1次	
外角标准节	外观形变，防腐防锈，焊缝	1周1次	
内角标准节	外观形变，防腐防锈，焊缝	1周1次	
搭接踏板	外观形变，防腐防锈，焊缝	1周1次	
搭接栏杆	外观形变，防腐防锈，焊缝	1周1次	
挂钩座	外观形变，防腐防锈，焊缝，安全锁扣	1周1次	
活动扣件	外观形变，防腐防锈，焊缝	1周1次	

【问题 103】外挂架挂钩座安装不稳固

问题表现及影响：

挂钩座安装松动不贴外墙面，导致外挂架安装不平稳，影响施工安全。如图 2-129 所示。

原因分析：

外挂机挂钩座安装未紧固到位。

图 2-129　外挂架挂钩座松动

防治措施：

1. 拆除该榀外挂架与相邻外挂架连接和搭接板，塔式起重机钩住外挂架，拉直吊绳，让外挂架处于受力临界状态，确保操作人员安全。

2. 松开挂钩卡销，塔式起重机提升外挂架离挂钩座 300mm 高，外挂架配缆风绳防止外挂架位移摆动，由挂钩座安装人员重新安装紧固挂钩座。

3. 挂钩座安装前，检查外墙板或外挂板预埋套筒标高，同一外墙板或外挂板相邻挂钩座高差不应大于 5mm。

4. 外挂架高强度螺栓应用力矩扳手紧固，紧固扭力 50～60N·m，并不得小于 40N·m。

5. 外挂架挂钩座安装，构件应有可靠的支撑，以免在挂钩座安装过程中发生墙板倾覆等意外。

【问题 104】楼梯间防护架搭设不到位

问题表现及影响：

楼梯间防护不到位、有漏洞，存在安全隐患。

原因分析：

预制装配式建筑内墙、隔墙、外墙一次成型，导致楼梯间防护架体疏忽遗漏。

防治措施：

楼梯防护立杆采用螺栓锚固公式固定，防护栏杆拼装组合螺钉连接。如图 2-130 所示。

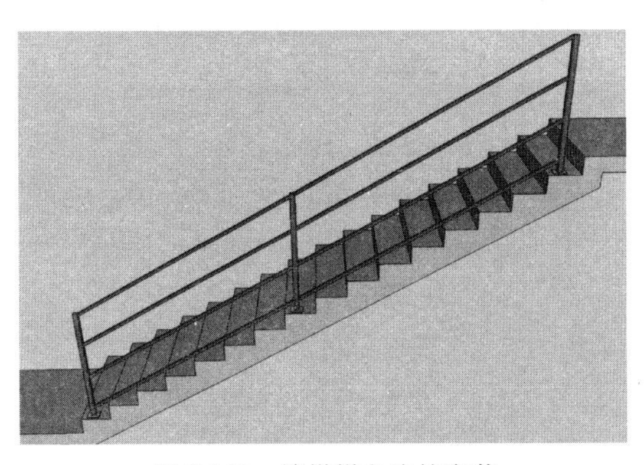

图 2-130　楼梯梯段防护安装

歇台板采用普通钢管架防护，该防护与歇台板底支撑一同搭设，在上一榀梯段吊装前拆除。如图 2-131 所示。

图 2-131　歇台板防护

2.5　模板工程

【问题 105】混凝土浇筑时，PCF 板偏位

问题表现及影响：

外墙 PCF 板混凝土浇筑跑模偏位。

原因分析：

1. PCF 板对拉螺杆未按规范布置。

2. 墙柱浇筑方式不对，一次性浇筑，PCF 板侧压力太大胀模。

防治措施：

1. PCF 板增加对拉螺杆，增强与内模对拉力，限制构件水平位移。

2. PCF 板阳角增加外墙外侧背楞加固。如图 2-132、图 2-133 所示。

3. 墙柱分次浇筑，减小浇筑时产生的侧压力。

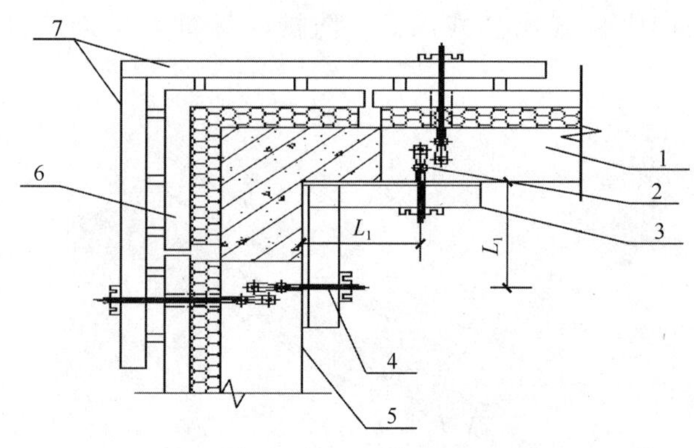

图 2-132　PCF 板阳角加强处理

1—预制剪力墙外墙板；2—套筒；3—模板；

4—对拉螺杆；5—预制剪力墙外墙板；6—PCF 板；7—背楞

图 2-133　PCF 板现场加固

【问题 106】斜支撑布置影响模板安装

问题表现及影响：

墙面斜支撑安装位置不合理，影响模板安装。如图 2-134 所示。

图 2-134　斜支撑安装位置不合理

原因分析：

1. 模板预埋对拉套筒与斜支撑预埋套筒在设计时未考虑周全，导致现场安装时相互冲突。

2. 墙柱暗柱、角柱模板背楞安装与斜支撑安装相干涉。

3. 现场斜支撑布置未充分考虑模板安装。

防治措施：

1. 模板设计时，模板构造及加固件安装避免与斜支撑相干涉，在安装墙板布置斜支撑或埋设斜支撑预埋环时，斜支撑布置离现浇墙柱边不小于 500mm，特殊情况可调整，斜支撑连接点与背楞位置错开，并且在模板设计完成后与构件安装布置图校对排查，避免安装干涉。

2. 与背楞相干涉的斜支撑现场调整，应先在对应位置下方补装斜支撑确保墙板稳固，再拆除相干涉斜支撑，安装模板背楞。如图 2-135 所示。

图 2-135　斜支撑与背楞安装示意

【问题 107】混凝土浇筑时，墙柱拉模套筒被拔出

问题表现及影响：

墙柱侧模预埋套筒被拉出，侧模垮塌。如图 2-136 所示。

图 2-136　墙柱拉模被拉出、跨模

原因分析：

1. 预埋套筒 PC 构件混凝土强度不够。

2. 预埋套筒间距未经计算，导致单个套筒承受拉拔力过大。

3. 套筒未按设计规范埋设。

防治措施：

1. PC 构件混凝土强度必须达到设计强度 75%以上，方可吊装安装。

2. PC 构件上预埋的模板对拉套筒，根据模板类型进行计算，确定竖向及水平间距，且单个套筒受力不超过拉拔要求，严禁随意布置。

3. 选择长度适宜的套筒，如：预埋在 160mm 厚夹心保温外墙内的模板对拉套筒必须穿过保温层与外页网片钢筋固定，确保套筒稳固和抗拉拔力。

4. 混凝土分层分次浇筑，减小混凝土浇筑时的侧压力。

【问题 108】模板对拉螺杆安装困难

问题表现及影响：

模板对拉螺杆安装困难，影响模板安装加固。

原因分析：

1. 墙柱钢筋阻碍拉模螺杆安装。如图 2-137 所示。

2. 工厂生产预埋套筒偏位或漏浆堵塞。

3. 模板设计制作与 PC 工艺构造不配套。

防治措施：

1. 根据外挂板工艺设计、墙柱截面构造，对模板安装进行二次构造配套设计。

2. 钢筋阻碍拉模套筒安装时，弯曲调整阻碍墙柱竖向分布筋，安装拉模螺杆并在螺杆侧面添加竖向钢筋补强。

3. 套筒偏位时，优先调整模板对拉孔位，对应偏位模板对拉杆重新开孔，原孔应封堵密实。如图 2-138 所示。

图 2-137　螺杆与钢筋干涉

图 2-138　对拉螺杆安装示意

4. 工厂生产预埋拉模套筒时，根据工艺设计图纸准确埋设，拉模套筒应与墙板钢筋固定稳固，预埋孔中心位置偏差控制在 5mm 以内。

【问题 109】外挂板墙柱模板跑模

问题表现及影响：

在混凝土浇筑时，墙柱模板鼓胀偏位，影响墙柱混凝土质量和外立面观感。

原因分析：

1. 模板安装加固不到位，发生跑模。

2. 墙柱混凝土浇筑方式不合理，模板侧压力太大，变形跑模。

防治措施：

1. 模板对拉螺杆安装平直，保证对拉螺杆两端受力均衡。

2. 外墙板安装后，用限位件与楼面连接加固，并将螺栓与连接件点焊，限制外挂板支模体系水平位移；竖向平接或转角拼缝用一字或 L 形连接件加固，竖向拼缝连接件按 3～5 道均匀分布，增加外墙板整体稳定性。如图2-139所示。

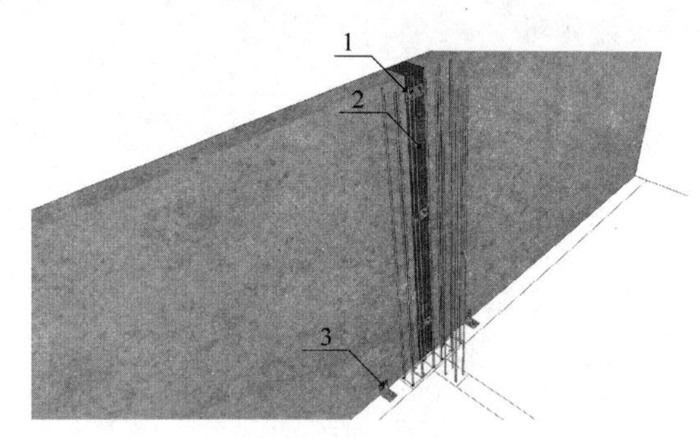

图 2-139 支模前墙板加固示意

1—一字连接件；2—防水卷材；3—定位件

3. 墙柱封模时，在模板控制线外侧边楼板面转 50mm 深孔，模板安装后，孔内插 ϕ10 钢筋头，限制模板向内鼓胀变形位移。

4. 浇筑前，合理调配浇筑混凝土各项性能指标，竖向结构坍落度 120mm 为宜，粗骨料最大粒径不大于 50mm，初凝时间（出场到整车浇筑完毕）3h 为宜，浇捣分层分次施工第一次浇筑高度 600mm、第二次浇筑 1000mm、第三次浇筑完成。

【问题 110】叠合梁与叠合楼板有高差，支模困难

问题表现及影响：

叠合梁与叠合楼板安装后有高差（图 2-140），支模困难，浇筑楼面混凝土时容易漏浆，影响浇筑质量。

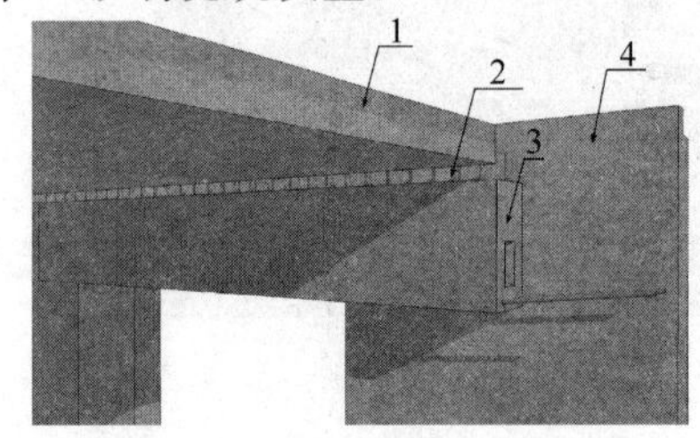

图 2-140 叠合梁板安装高差示意

1—叠合楼板；2—叠合梁与叠合楼板安装后有高差；3—叠合梁；4—外墙板

原因分析：

叠合梁与叠合楼板高差处模板没有受力点。

防治措施：

1. 墙与叠合楼板安装拼缝，在构件安装完成后用角钢（角钢型号 30mm×30mm×3mm）封堵拼缝接口，外侧用竹立杆弯曲顶撑角钢紧固（或者铝制角模带固定孔，自攻螺钉固定）。如图 2-141、图 2-142 所示。

2. 全预制墙板与叠合楼板安装拼缝较小，在吊装前墙板顶铺贴双面泡沫胶条，叠合楼板落位后密实拼缝。

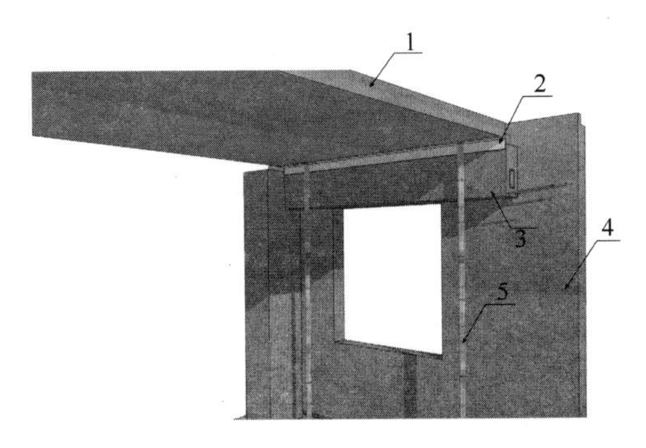

图 2-141　叠合梁板安装高差处封堵

1—叠合楼板；2—角钢；3—叠合梁；
4—外墙板；5—竹立杆

图 2-142　拼缝阴角封堵角钢
（30mm×30mm×3mm）

【问题 111】混凝土浇筑墙板竖向拼缝胀模漏浆

问题表现及影响：

拼缝处鼓胀漏浆，影响外墙拼缝打胶和装饰施工。

原因分析：

构件竖向拼缝处封堵不密实。

防治措施：

墙板竖向拼缝节点，在构件安装完成后，拼缝接口贴 SBS 防水卷材板顶外露 50mm 长，拼缝接口安装 L 形或一字形连接件点焊加固。如图 2-143～图 2-145 所示。

图 2-143　墙板安装拼缝处理节点

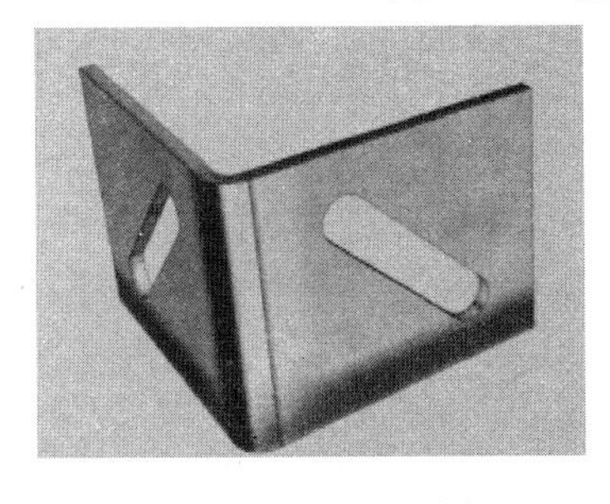

图 2-144　L 形连接件

注：规格型号：125mm×100mm×5mm。
用途：墙板与墙板直角拼缝处连接用。

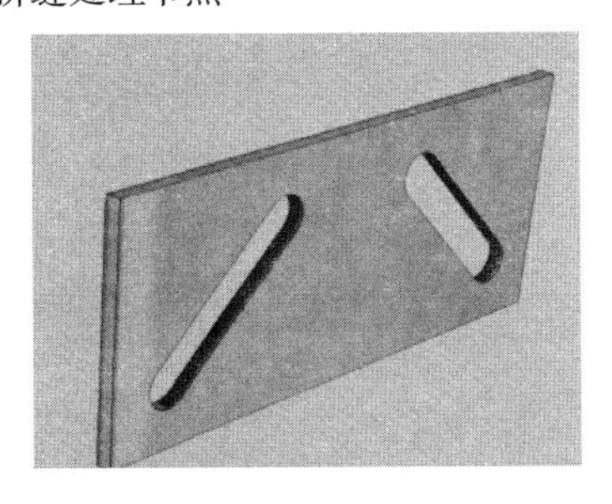

图 2-145　一字形连接件

注：规格型号：220mm×100mm×5mm。
用途：墙板与墙板平直拼缝处连接用。

【问题 112】叠合梁与外挂板、叠合楼板拼缝处不密实漏浆

问题表现及影响：

拼缝处漏浆污染墙面，影响装修施工。

原因分析：

1. 构件拼缝处封堵不密实。

2. 拼缝施工节点处理不到位。

防治措施：

1. 叠合楼板吊装前，在梁边 15mm 处铺贴双面泡沫胶条，叠合楼板落位后挤压填充密实。

2. 叠合梁与外挂板拼缝，在构件安装时，拼缝口贴泡沫胶条，板面接缝在混凝土浇筑前砂浆封堵。如图 2-146、图 2-147 所示。

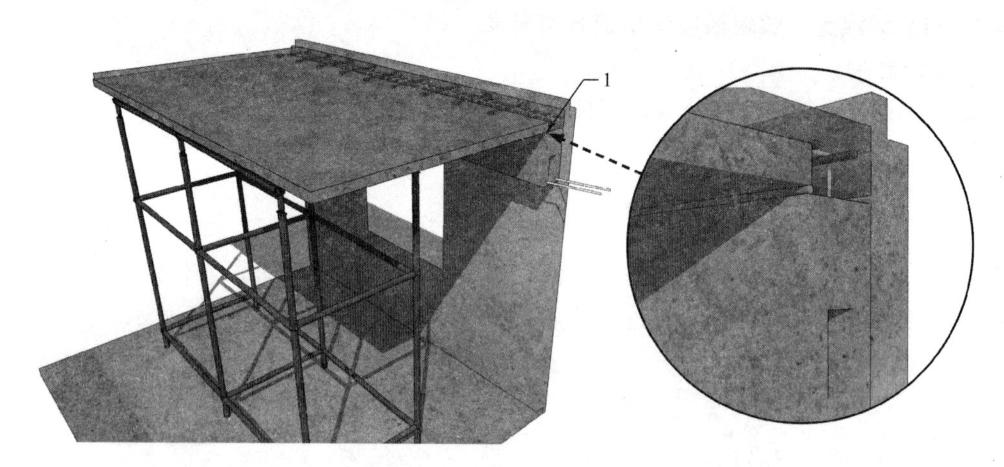

图 2-146　梁板安装拼缝处理

1—泡沫胶条封堵

图 2-147　泡沫胶条

注：规格型号：15mm×5mm，30mm×3mm。

用途：叠合楼板与叠合梁搭接处堵缝用，以及铝模板与预制构件拼接处粘贴以防止漏浆。

【问题 113】外墙 T 形柱模板难加固

问题表现及影响：

模板胀模变形，影响现浇构件外观质量。

原因分析：

1. 墙柱（图 2-148）设计节点，墙板外页较长，拉模套筒间距太大，混凝土浇筑变形

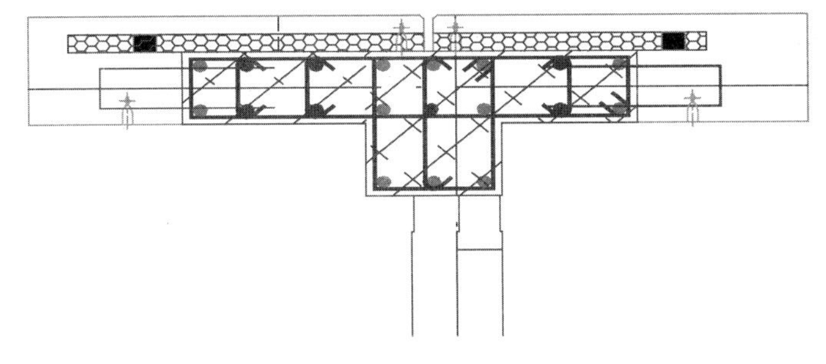

图 2-148　T 形柱平面图

向外鼓胀。

2. 墙柱与 PC 构件接口不平直，模板与 PC 构件接口加固困难。

防治措施：

1. 在模板安装前，外墙外页根部安装 L 形连接件加固，限制墙柱浇捣时混凝土挤压胀模墙板水平位移，竖向拼缝外侧安装一字连接件加固。如图 2-149 所示。

2. 模板拼接阳角做阳角背楞斜拉加固，防止混凝土鼓胀模板偏位。如图 2-150 所示。

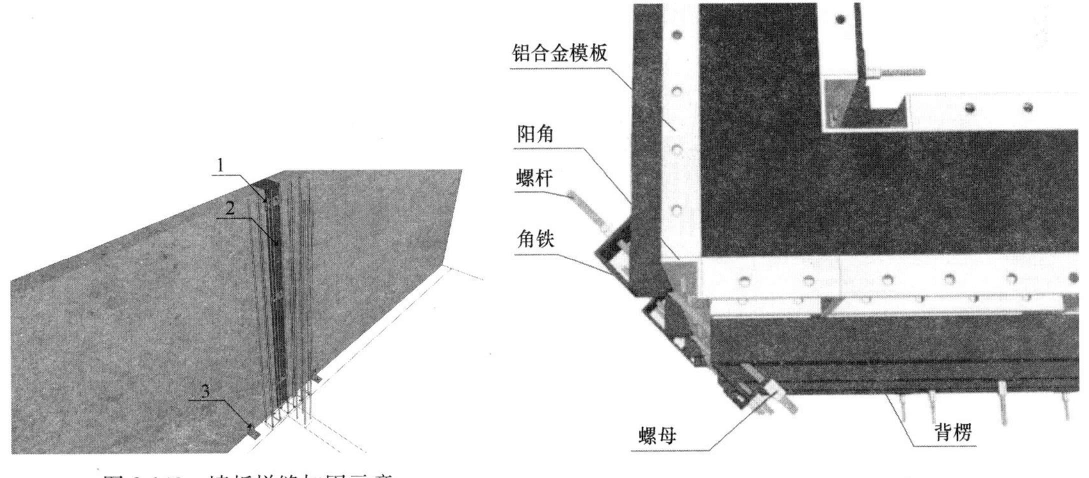

图 2-149　墙板拼缝加固示意

1—一字连接件；2—防水卷材；3—定位件

图 2-150　阳角加固示意

3. 模板与 PC 构件贴合部位模板开孔，自攻螺钉与 PC 构件加固固定。如图 2-151 所示。

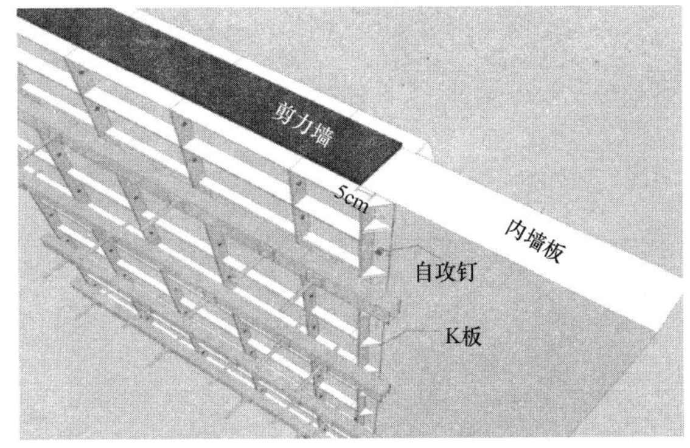

图 2-151　铝模与构件接口示意

【问题 114】伸缩缝处墙柱模板安装困难

问题表现及影响：

伸缩缝间距太小，墙柱外模无法安装。如图 2-152 所示。

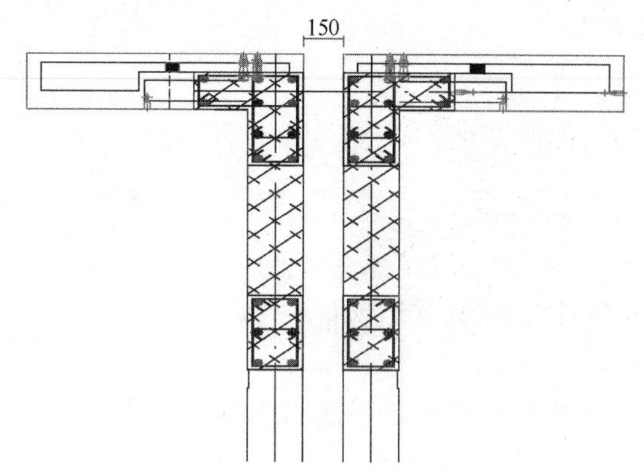

图 2-152 伸缩缝处墙柱分布

原因分析：

1. 伸缩缝处空间较小，两侧墙柱模板无法同时安装。

2. 一侧墙柱混凝土施工完成后，另一侧墙柱外模无法安装。

防治措施：

1. 墙柱施工时，在伸缩缝处做好分段错层施工，先完成一侧墙柱施工，形成高低错层，防止模板安装干涉。

2. 在低侧墙柱施工时，从一层开始，在缝内设置泡沫作为低侧墙柱外模，现浇墙柱内侧模板用大模板或铝模与墙板固定。如图 2-153～图 2-155 所示。

图 2-153 搭设一侧墙柱模板及混凝土浇筑

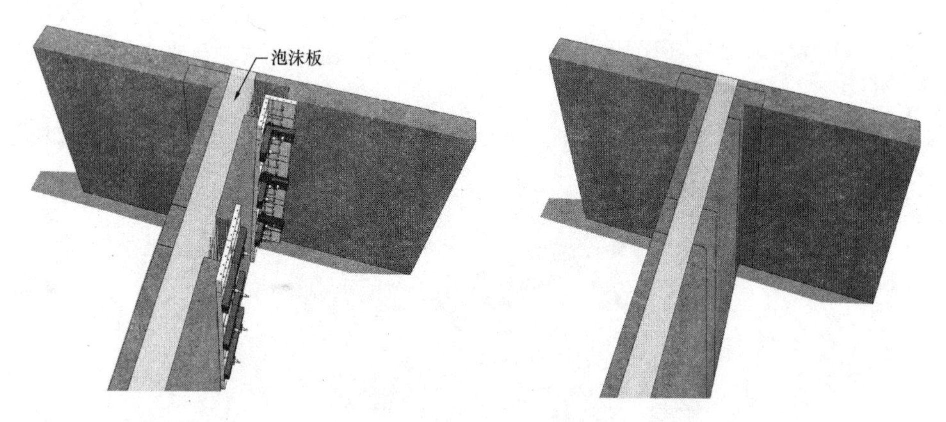

图 2-154 缝内设置泡沫并搭设另一侧墙柱外模板　图 2-155 完成另一侧墙柱混凝土浇筑

【问题 115】电梯井内模变形漏浆

问题表现及影响：

模板拼缝阴角鼓胀变形，根部漏浆。如图 2-156 所示。

图 2-156　模板拼缝漏浆鼓胀

原因分析：

1. 井内模板根部封堵不到位漏浆。

2. 井内模板拼接阴角受力变形大，未做加固处理。

防治措施：

1. 在井内模板安装完成后，阴角拼接做角部加强，拼角设转角背楞模板上口斜拉对角加固。如图 2-157 所示。

2. 井内模板下口安装角钢固定，作为支撑封堵模板下口，防止模内漏浆。如图 2-158 所示。

图 2-157　井内模板拼角斜拉加固

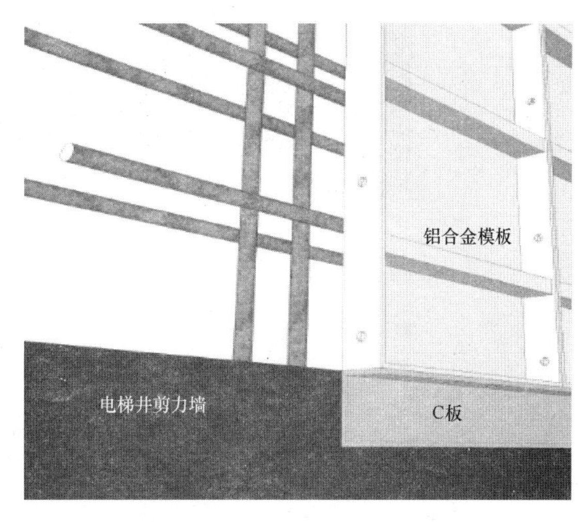

图 2-158　井内模板下口固定

【问题 116】模板安装与 PC 构件接口不密实

问题表现及影响：

混凝土浇筑振捣胀模漏浆。

原因分析：

1. 模板与 PC 构件属于质硬性材料，相互贴合存在间隙，且结合部密封处理不到位。

2. 模板设计不合理，模板与 PC 构件搭接面太短，墙柱浇筑振捣受力鼓胀。

防治措施：

1. 在墙柱模板安装前，木模板与 PC 构件接口处贴橡皮条，宽度 100mm，填充模板与构件安装间隙。

2. 铝合金模板可在拼接口贴双面泡沫胶条填充接口设置阳角铝加固，防止漏浆。如图 2-159、图 2-160 所示。

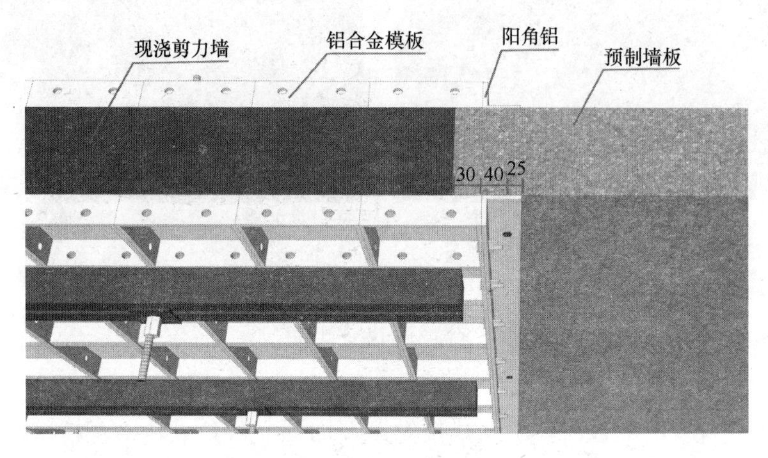

图 2-159 铝合金模板墙面搭接

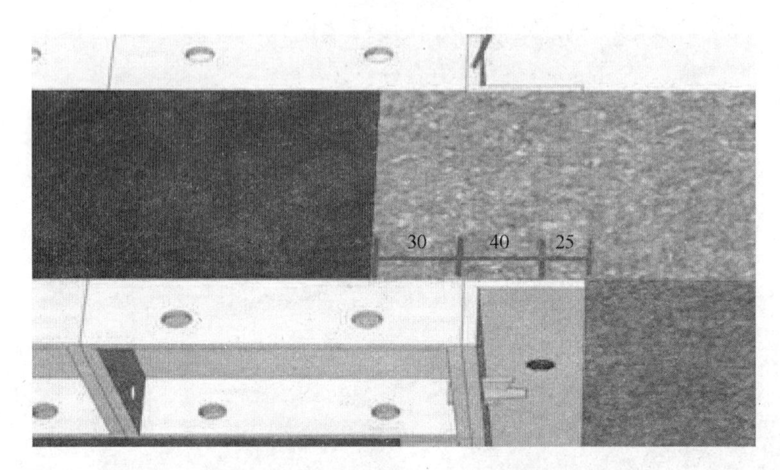

图 2-160 铝合金模板墙面搭接详图

【问题 117】支模体系选择不合理

问题表现及影响：

预制装配式建筑支模体系选择不合理，模板周转使用率低，损耗大，不环保。

原因分析：

1. 预制传统散装木模板安装材料损耗率大，模板周转次数少。

2. 预制装配式支模体系模板与 PC 构件拼装精确度要求高且不能随意更改模板安装位置。

防治措施：

建议使用铝模：(1) 刚度好，拥有较高的混凝土成型质量；(2) 减少支模时间，较其他模板节约人工，工效较高；(3) 现场拼装简便，与装配构架结合率高。如图 2-161 所示。

图 2-161　铝合金模板支模体系

【问题 118】门垛处模板易胀模偏位

问题表现及影响：

模板与墙板接口受力胀模偏位。

原因分析：

模板与墙板接口受力胀模偏位。

防治措施：

1. 墙柱侧模与 PC 构件门垛、端模整体安装拐角背楞整体加强，防止混凝土浇筑时胀模偏位。如图 2-162 所示。

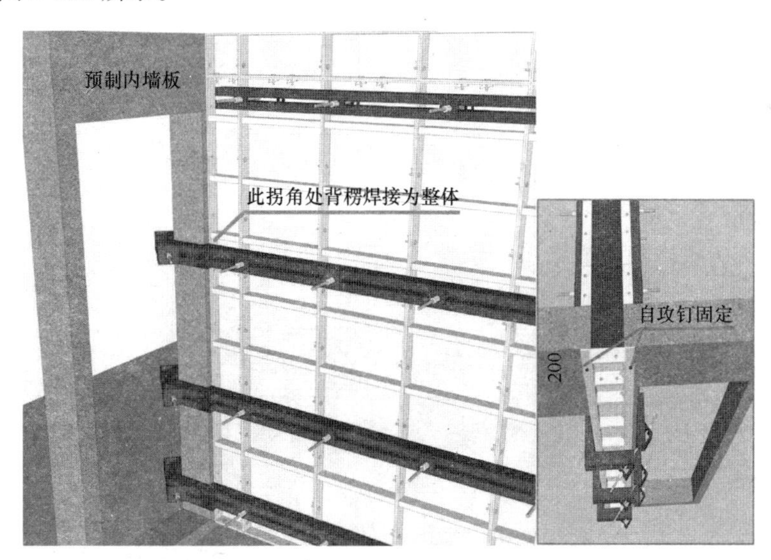

图 2-162　模板与内墙门洞口安装节点加固

2. 模板与构件拼接口，贴双面泡沫胶条填充接口空隙，防止模板与构件接口漏浆。

【问题 119】墙柱模板安装偏差大

问题表现及影响：

模板安装偏差大，墙柱截面尺寸不正确，影响现浇墙柱质量。

原因分析：

模板安装、校正不准确。

防治措施：

1. 安装前测量定位控制好模板安装边线，确保墙柱截面尺寸和构件位置准确。

2. 安装后根据《混凝土结构工程施工质量验收规范》GB 50204—2015 预制构件模板安装的允许偏差及检验方法（表 2-13）校正。

预制构件模板安装的允许偏差及检验方法 **表 2-13**

项目		允许偏差（mm）	检验方法
长度	梁、板	±5	钢尺量两边角，取其中较大值
	薄腹梁、桁架	±10	
	柱	0，−10	
	墙板	0，−5	
宽度	板、墙板	0，−5	钢尺量一端及中部，取其中较大值
	梁、薄腹梁、桁架	+2，−5	
高（厚）度	板	+2，−3	钢尺量一端及中部，取其中较大值
	墙板	0，−5	
	梁、薄腹梁、桁架、柱	+2，−5	
侧向弯曲	梁、板、柱	$L/1000$ 且≤15	拉线、钢尺量最大弯曲处
	墙板、薄腹梁、桁架	$L/1500$ 且≤15	
板的表面平整度		3	2m 靠尺或塞尺检查
相邻两板表面高低差		1	钢尺检查
对角线差	板	7	钢尺量两对角线
	墙板	5	
翘曲	板、墙板	$L/1500$	调平尺在梁端测量
设计	薄腹梁、桁架、梁	±3	拉线、钢尺量跨中

【问题 120】U 形墙铝合金内模拆除困难

问题表现及影响：

混凝土浇筑后对模板造成挤压，铝模板拆除困难。如图 2-163 所示。

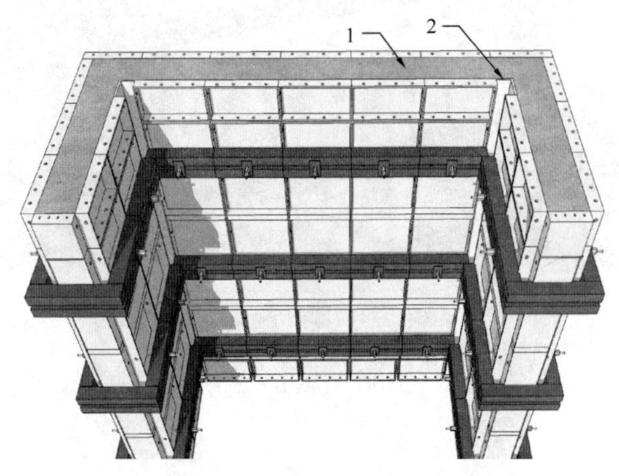

图 2-163 U 形剪力墙铝模安装示意

1—U 形墙；2—铝合金内模直接连接

原因分析：

未设微调措施，墙板拆除困难。

防治措施：

如图 2-164～图 2-167 所示。

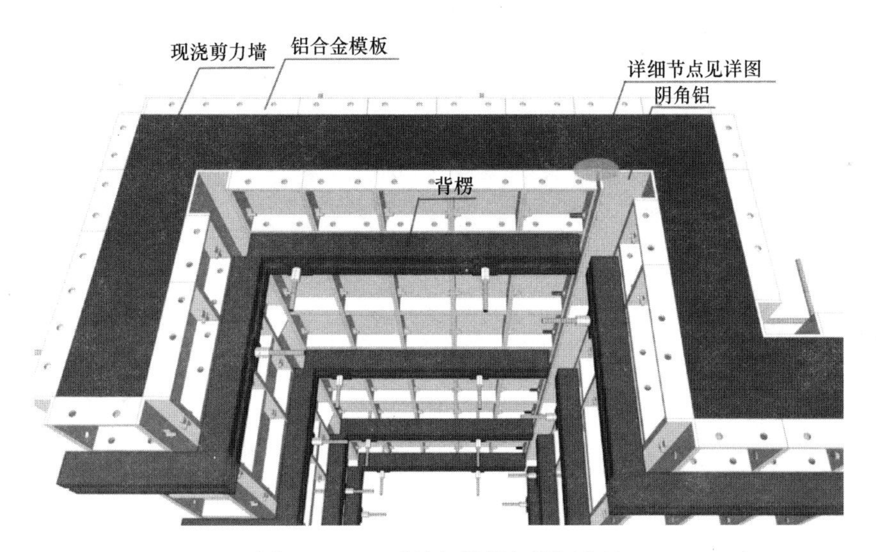

图 2-164　U 形墙铝模增加微调布置

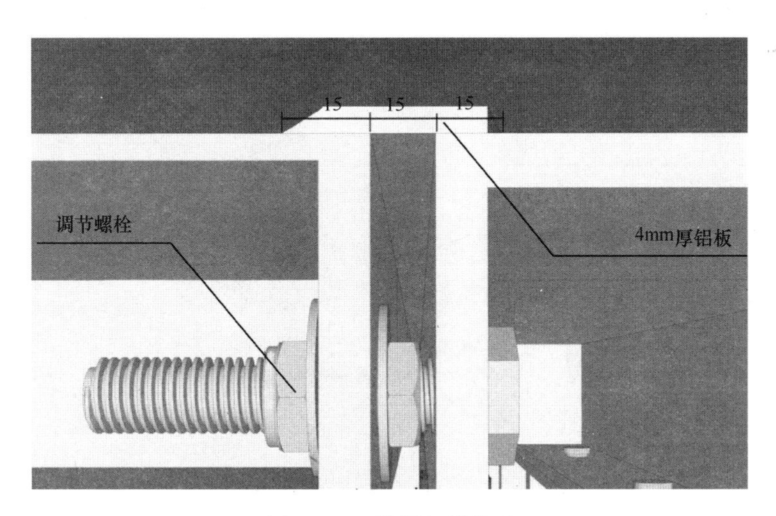

图 2-165　微调细部构造

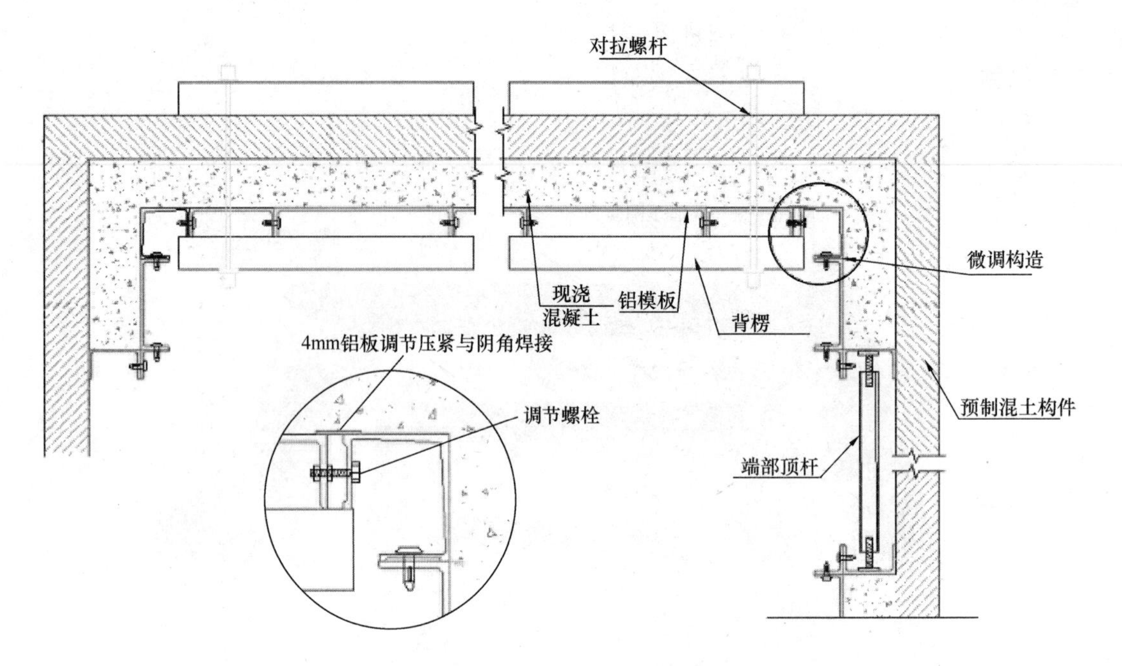

图 2-166　U形剪力墙铝模微调措施（一）

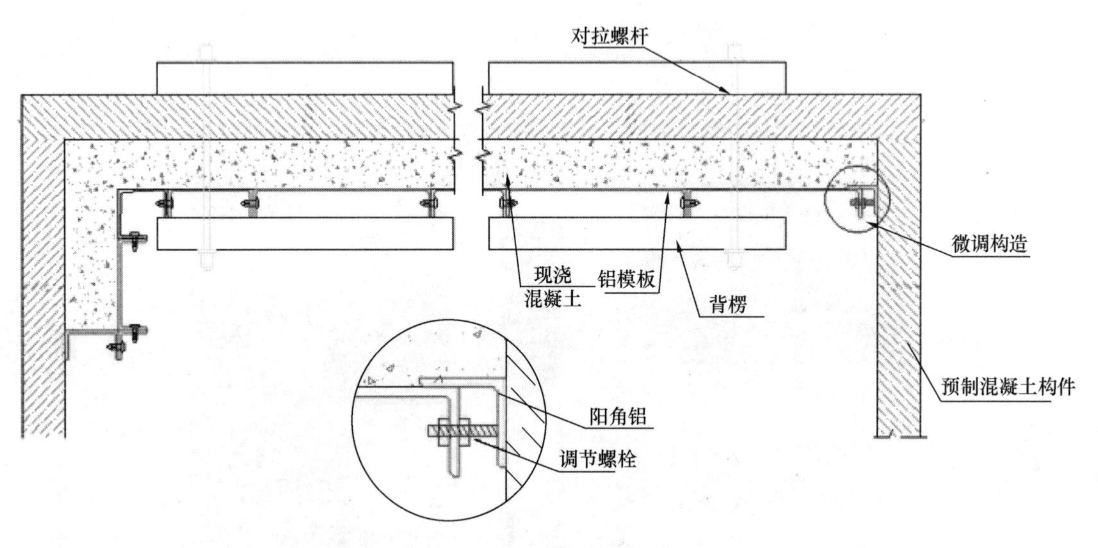

图 2-167　U形剪力墙铝模微调措施（二）

【问题 121】铝模底部漏浆

问题表现及影响：

浇筑混凝土后，模板底部漏浆。如图 2-168 所示。

原因分析：

1. 铝合金模板制作时偏差过大。

图 2-168　铝模底漏浆

2. 楼板面凹凸不平，与地面缝隙较大。

防治措施：

1. 铝合金模板制作后应对其尺寸进行检验，构件尺寸公差为−0.5～0mm。

2. 安装铝合金模板后，采用水泥砂浆对模板与地面缝隙处进行封堵。

【问题 122】铝合金模板未贴双面胶条

问题表现及影响：

浇筑混凝土时铝合金模板侧边漏浆。

原因分析：

现场安装铝合金模板前，未按铝合金模板专项施工方案的要求，在模板侧面粘贴双面胶条。如图 2-169 所示。

图 2-169　铝模与 PC 构件搭接口

防治措施：

施工前按铝合金模板专项施工方案要求粘贴双面胶条，并对粘贴的牢固性进行检查。

【问题 123】电梯井上口截面尺寸难保证

问题表现及影响：

电梯井剪力墙模板上口未加固，模板端口鼓胀变形。

原因分析：

1. 对拉螺杆与模板上口距离过大，未对剪力墙铝合金模板上端口进行紧固。

2. 铝合金模板变形，现场使用前未对其进行矫正处理。

防治措施：

1. 制作铝合金模板配套紧固件，现场模板安装后，可在模板上口开孔处采用紧固件。如图 2-170 所示。

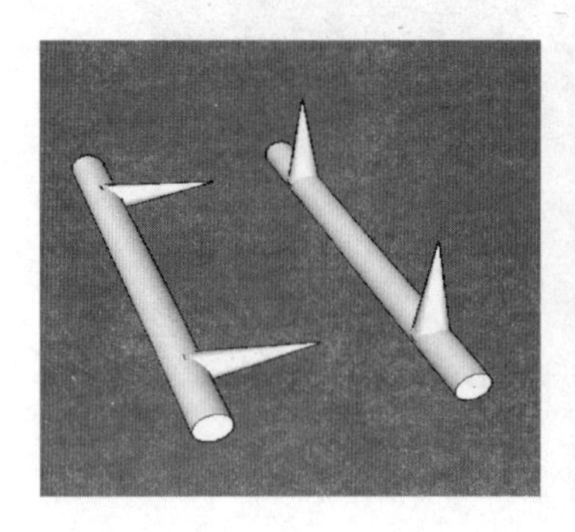

图 2-170　剪力墙上口加固

2. 在安装铝合金模板前，对铝合金变形的地方进行矫正，若变形无法校正应及时更换调整。

【问题 124】铝模上下层传递困难

问题表现及影响：

当使用铝模时，叠合楼板未预留模板传递孔，导致模板周转麻烦，影响上一层主体施工。

原因分析：

PC 设计考虑不周全，生产过程未预留。

防治措施：

标准层施工前向工厂进行交底，明确模板传递孔预留位置及尺寸，并做好洞口加强（洞口加强方法按设计及规范要求布置）。如图 2-171、图 2-172 所示。

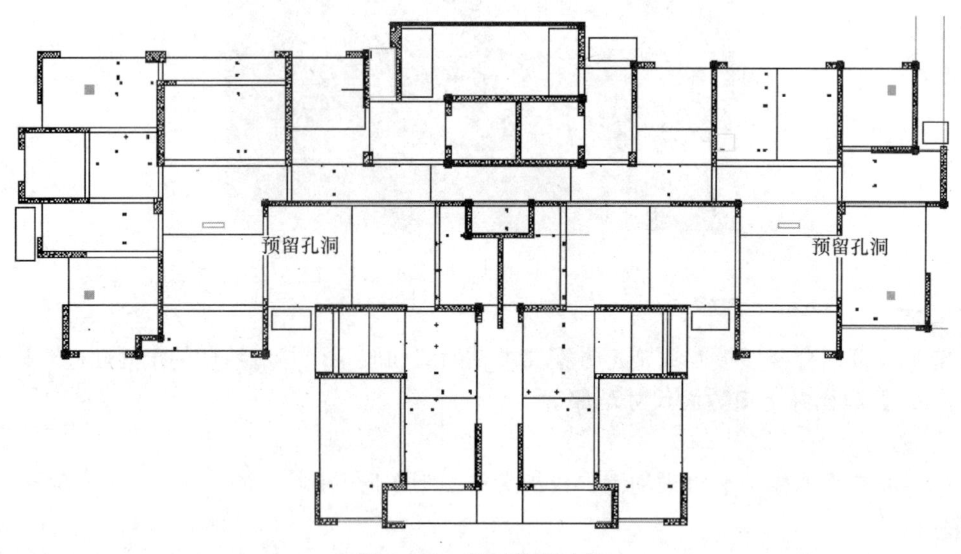

图 2-171　预留孔洞示意

图 2-172　铝模楼层传递孔

【问题 125】模板预留传递孔位置不合理

问题表现及影响：

运输距离长，周转麻烦，布置在卫生间或厨房影响房屋装饰结构防水性能。

原因分析：

1. 设计预留模板传递孔位置时，未进行分析，设置不合理。

2. 构件生产过程预留位置错误。

防治措施：

1. 设计预留孔时全面考虑，将该孔设置在客厅等开间尺寸较大且防水要求相对较低的位置。

2. 标准层施工前向工厂进行交底，明确模板传递孔预留位置及尺寸。

3. PC 构件生产过程加强监督，及时检查是否预留正确，如位置错误应及时与工厂沟通，更改位置。

【问题 126】预埋连接套筒被破坏

问题表现及影响：

连接杆无法锚入套筒内，影响模板安装。

原因分析：

墙板中预埋连接套筒后，套筒口位置超出墙板内表面，运输过程中，套筒碰撞、挤压变形，对拉杆无法安装。如图 2-173 所示。

图 2-173　PC 构件拉模套筒变形

防治措施:

1. 连接套筒预埋后，检查套筒口表面的位置，墙板在运输过程中，对连接套筒与木方结合位置放置弹性垫衬材料。

2. 凿穿套筒点墙体，采用对拉螺杆对穿方式加固墙体。如图 2-174 所示。

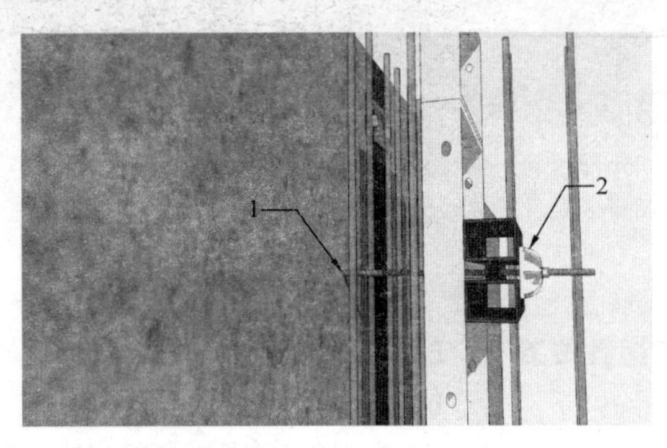

图 2-174　墙体对穿对拉螺杆加固

1—凿穿套筒点墙体；2—对拉螺杆

【问题 127】现浇构件端模变形

问题表现及影响:

剪力墙端部拆模后，混凝土成型观感差。

原因分析:

剪力墙端模加固不到位。

防治措施:

1. 有窗洞口位置的模板在窗位置再做一道加固措施。如图 2-175 所示。

图 2-175　墙柱端模加固

2. 在没有窗洞口位置距剪力墙端部 100mm 左右再预埋一排套筒，间距同本项目其他位置剪力墙拉模套筒间距。

2.6 钢筋工程

【问题 128】预制剪力墙插筋偏位

问题表现及影响：

预埋插筋偏位较大，影响预制构件落位。如图 2-176 所示。

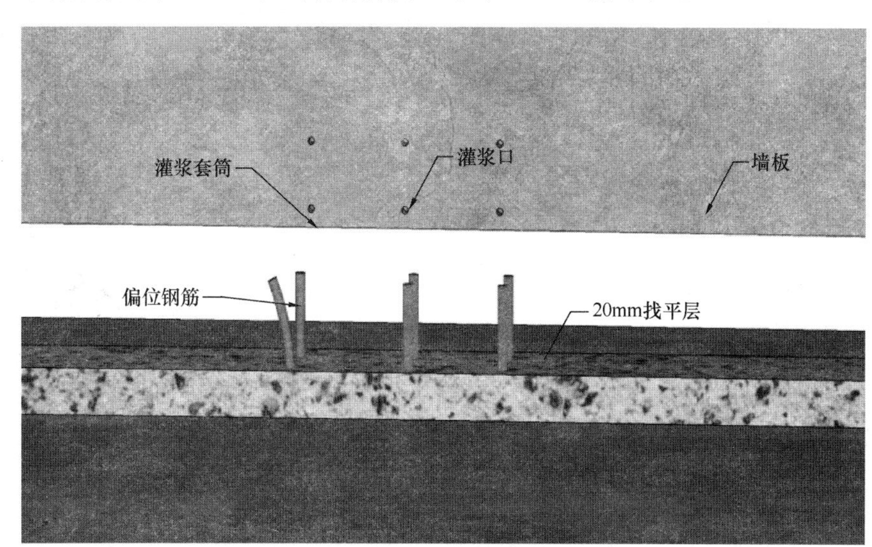

图 2-176 剪力墙预埋插筋偏位示意

原因分析：

1. 工厂生产预制剪力墙时，预埋插筋偏位，出厂未检验复核。

2. 楼面混凝土浇筑过程中，因碰撞等原因导致插筋偏位，未及时校正。

3. 墙板运输、吊装过程预埋插筋变形偏位。

防治措施：

1. 当钢筋偏位较大时，必须征求设计单位同意，经验算后重新植筋。正式植筋前先试做植筋拉拔试验，满足拉拔强度值要求后，在楼板正确位置植筋，植筋按照弹线定位—钻孔—清孔—注胶—植筋—验收的施工步骤，植筋后应进行拉拔试验，确认参数。植入钢筋偏离灌浆套筒中心线不宜超过 5mm。如图 2-177 所示。

2. 工厂生产预制剪力墙过程中，加强预埋钢筋的检验、复核；预制剪力墙生产完成后，有条件可提前对预制剪力墙与预埋插筋试拼装检验。

3. 混凝土浇筑过程中，应避免触碰或带动插筋。

4. 墙板起吊时，应将钢丝绳捋直，防止钢丝绳与预埋插筋碰撞；墙板落位距楼面 500mm 时停顿，控制墙板摆动，校正插筋孔位。

构件安装验收根据《装配式混凝土结构技术规程》JGJ 1—2014 12.3.2 中采用钢筋套

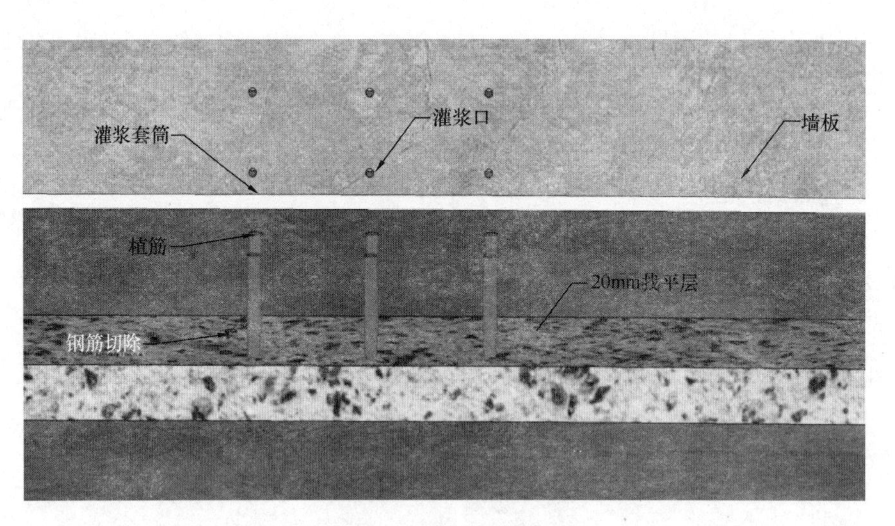

图 2-177　预埋插筋校正

筒灌浆连接的预制构件就位前应检查的内容：当连接钢筋倾斜时，应进行校直。连接钢筋偏离套筒或孔洞中心线不宜超过 5mm。

【问题 129】外挂板连接筋未锚入梁内

问题表现及影响：

外挂板连接筋弯曲变形未锚入梁内，外挂板存在安全隐患。如图 2-178 所示。

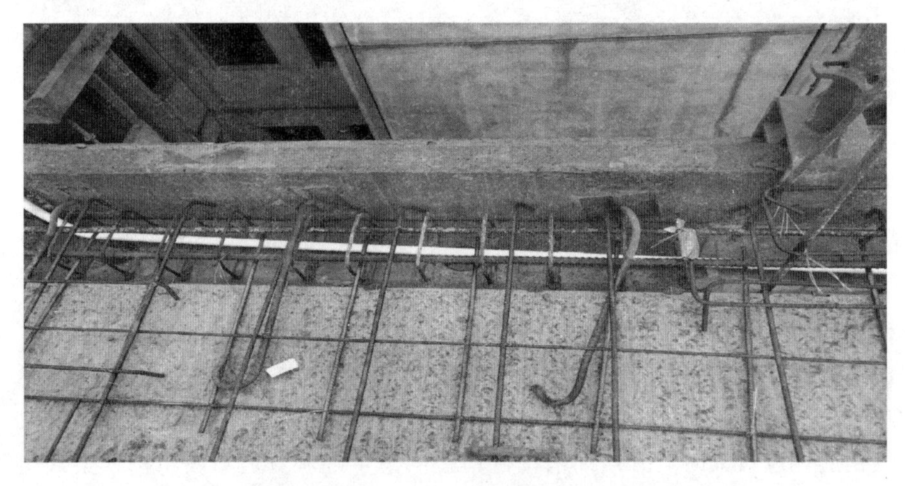
图 2-178　外墙板连接筋铺设不规范

原因分析：

1. 工厂生产、运输、现场吊装外挂板，连接筋弯曲变形未校正，导致连接筋锚入梁内困难。

2. 连接筋安装顺序不正确，未在叠合楼板、叠合梁钢筋绑扎前锚固连接筋。

防治措施：

1. 吊装完叠合梁、叠合楼板，将连接筋校正后锚入叠合梁内，再绑扎叠合梁纵筋和楼板面分布筋。如图 2-179 所示。

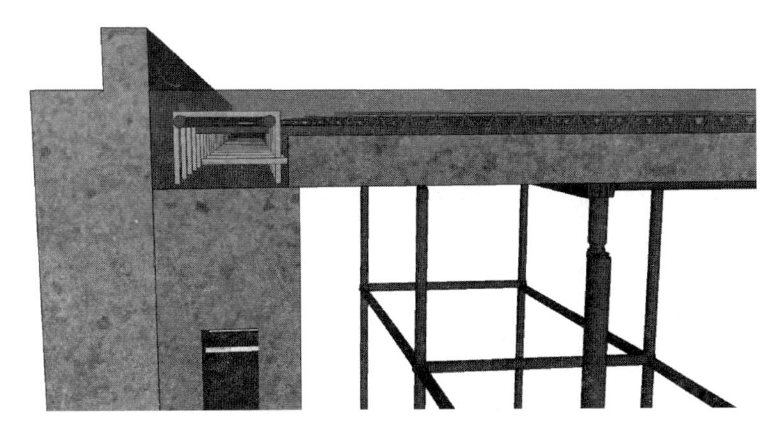

图 2-179　连接筋校正示意（一）

2. 放置纵筋到叠合梁内并低箍筋内皮 10～15mm，摆正连接筋。如图 2-180 所示。

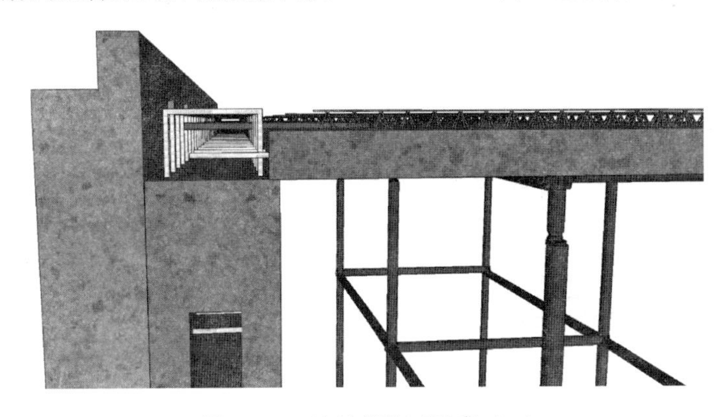

图 2-180　连接筋校正示意（二）

3. 连接筋锚入楼板面与板筋绑扎，防止楼板面混凝土浇筑时连接筋曲翘露筋。

【问题 130】现浇楼面墙柱钢筋偏位

问题表现及影响：

墙柱钢筋偏位，预制墙板无法落位。如图 2-181 所示。

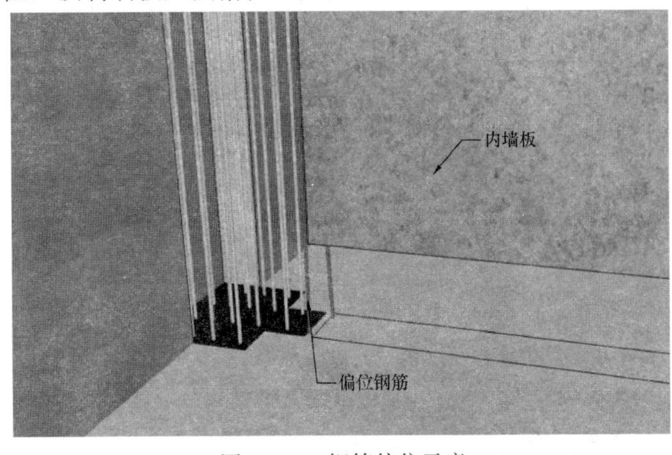

图 2-181　钢筋偏位示意

原因分析：

1. 墙柱钢筋定位安装偏差。

2. 楼板面筋绑扎过程中，墙柱钢筋被踩踏。

3. 楼面混凝土放料、振捣过程中，碰撞导致墙柱钢筋偏位，偏位后未校正处理。

4. 墙板吊装就位过程中，碰撞墙柱钢筋，导致钢筋偏位。

防治措施：

1. 测量弹线、检查墙柱钢筋具体偏差值。

2. 钢筋偏位（5mm＜柱≤25mm，3mm＜墙≤15mm）且不超出保护层厚度范围时，直接在结构面按1∶6的比例调整钢筋。

3. 钢筋偏差较大影响墙板落位，必须征求设计单位同意，经验算后重新植筋。正式植筋前先试做植筋拉拔试验，满足拉拔强度值要求后，在楼板正确位置植筋，植筋按照弹线定位—钻孔—清孔—注胶—植筋—验收的施工步骤，植筋后应进行拉拔试验，确认参数。植入钢筋偏离灌浆套筒中心线不宜超过5mm。

4. 钢筋安装时，其品种、规格、数量、级别必须符合图纸规格的要求，绑扎前弹好控制线，对发生偏移的钢筋及时纠偏校正。

5. 放置钢筋保护层垫块间距300～800mm左右，以保证钢筋与模板分离来控制钢筋保护层，施工过程中督导操作人员不得任意蹬踏钢筋。

6. 增加过程控制，在混凝土浇筑时设专人看护，防止在浇捣混凝土时因振捣或者其他碰撞致使钢筋位移，混凝土浇筑完毕立即由专人进行钢筋位置校正。

钢筋安装的允许偏差应符合《混凝土结构工程施工质量验收规范》GB 50204—2015中的有关规定（表2-14）。

钢筋安装允许偏差和检验方法 **表2-14**

项目		允许偏差（mm）	检验方法
绑扎钢筋网	长、宽	±10	尺量
	网眼尺寸	±20	尺量连续三档，取最大偏差值
绑扎钢筋骨架	长	±10	尺量
	宽、高	±5	尺量
纵向受力钢筋	锚固长度	−20	尺量
	间距	±10	尺量两端，中间各一点，取最大偏差值
	排距	±5	
纵向受力钢筋、箍筋的混凝土保护层厚度	基础	±10	尺量
	柱、梁	±5	尺量
	板、墙、壳	±3	尺量
绑扎钢筋、横向钢筋间距		±20	尺量连续三档，取最大偏差值
钢筋弯起点位置		20	尺量，沿纵、横两个方向量测，并取其中偏差的较大值
预埋件	中心线位置	5	尺量
	水平高差	+3，0	塞尺量测

【问题 131】T 形柱钢筋安装顺序不合理

问题表现及影响：

吊装前先安装 T 形柱钢筋，预制外墙板落位困难。如图 2-182 所示。

原因分析：

T 形柱箍筋和纵筋绑扎后，因预制外墙板预留水平分布筋，导致预制外墙板安装就位困难。

防治措施：

先安装外墙板，根据预制外墙板侧面分布筋放置 T 形柱箍筋，再将纵筋插入 T 形柱内后绑扎牢固。如图 2-183 所示。

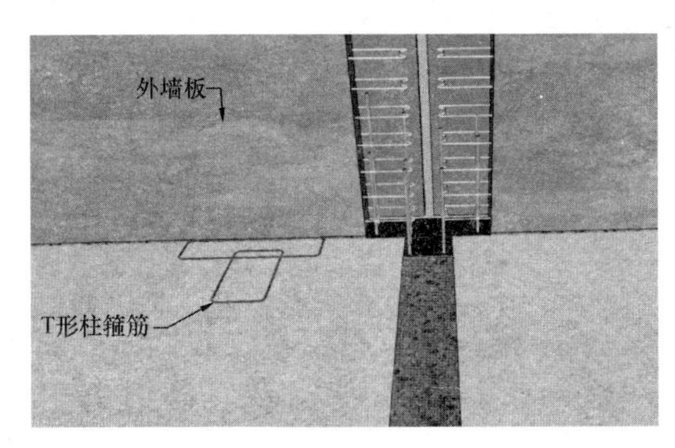

图 2-182　外墙板落位困难

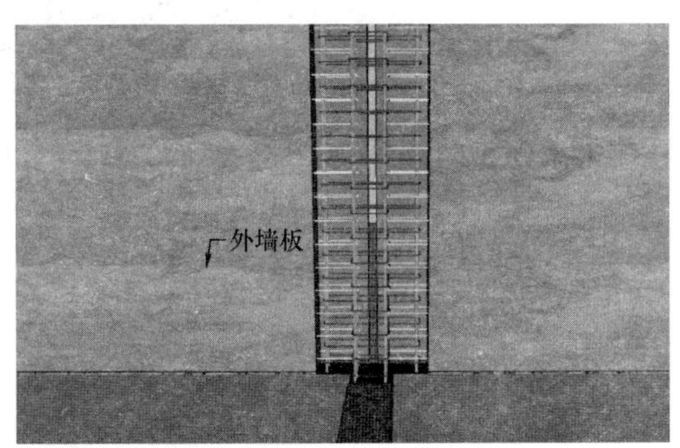

图 2-183　T 形柱钢筋绑扎示意

T 形柱钢筋安装流程：

第一步：将柱搭接钢筋范围内的箍筋与剪力墙水平封闭箍绑扎，并吊装外墙板（图 2-184）。

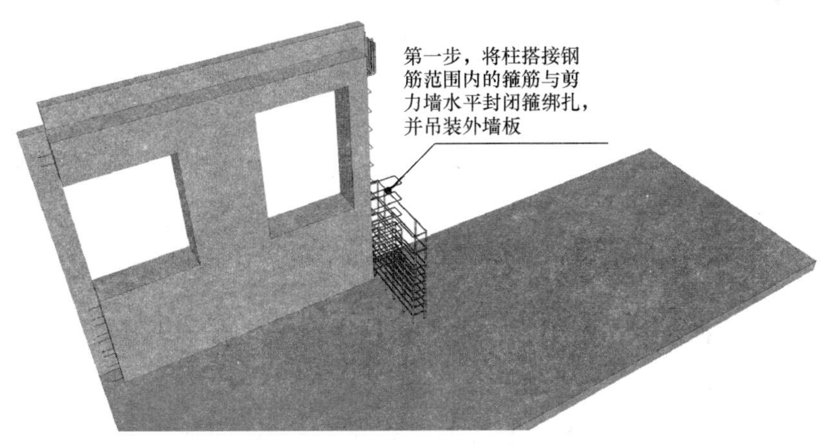

图 2-184　T 形柱钢筋安装流程（一）

第二步：将与柱搭接钢筋范围内的剪力墙水平封闭箍插入暗柱内箍筋间，并吊装外墙板（图 2-185）。

第三步：内墙板吊装（图 2-186）。

第四步：将剩余的箍筋插入，并与剪力墙水平封闭箍绑扎（图 2-187）。

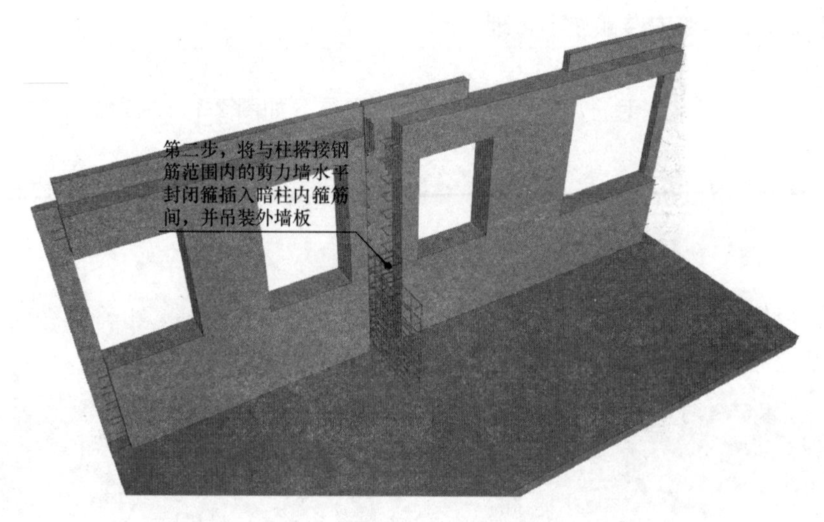

图 2-185　T 形柱钢筋安装流程（二）

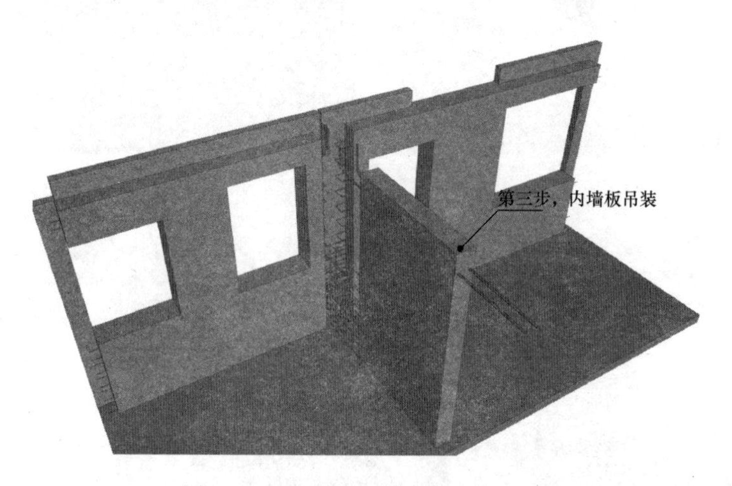

图 2-186　T 形柱钢筋安装流程（三）

图 2-187　T 形柱钢筋安装流程（四）

第五步：插入柱搭接钢筋并绑扎（图 2-188）。

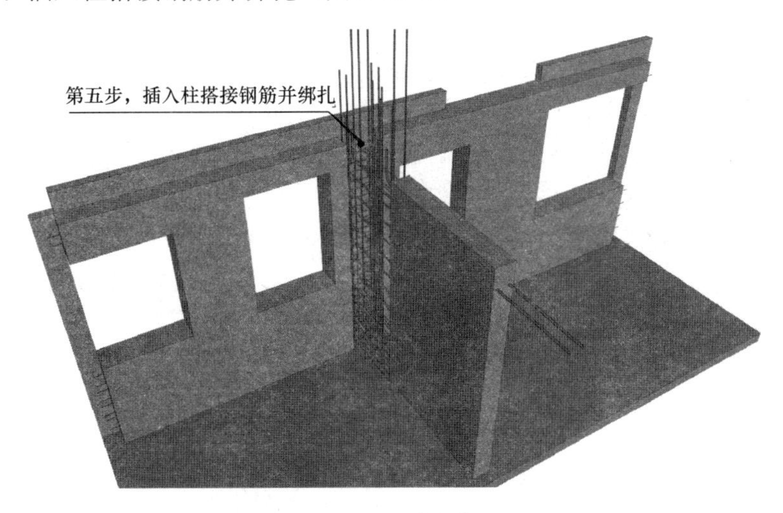

图 2-188　T 形柱钢筋安装流程（五）

【问题 132】十字交叉等高梁底筋相互干涉

问题表现及影响：

十字交叉叠合梁吊装就位时，底筋干涉，落位困难。如图 2-189 所示。

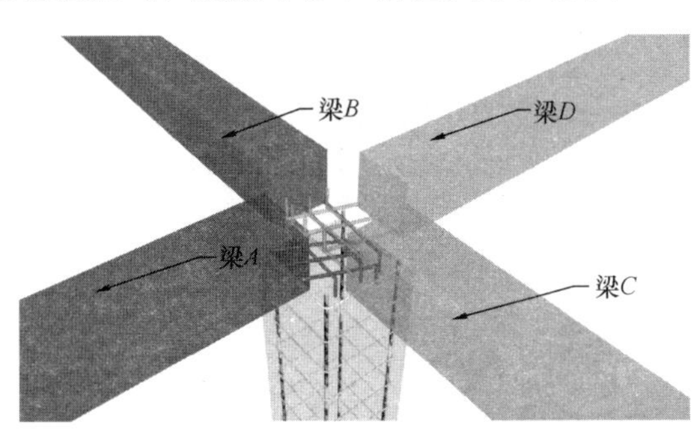

图 2-189　十字交叉叠合梁底筋干涉

原因分析：

1. 设计阶段，未对叠合梁底筋弯折做避让处理。

2. 工厂生产阶段，叠合梁未进行编号，导致现场叠合梁吊装错乱。

3. 施工阶段，叠合梁未按照预定吊装顺序进行吊装。

防治措施：

1. 复核十字交叉叠合梁节点底筋是否做避让处理，对未做避让的叠合梁底筋，要求设计单位增加节点处理。

2. 工厂生产阶段，对叠合梁进行编号，编号后进行二次检查。

3. 施工前，根据设计图纸中叠合梁编号及吊装顺序建立三维模型，并做梁底筋碰撞检查。

4. 以叠合梁底筋弯锚方向编制叠合梁吊装顺序，一般按照叠合梁底筋下锚—直锚—上锚的优先顺序进行吊装。

【问题 133】转角叠合梁面筋安装困难

问题表现及影响：

转角叠合梁上部弯锚纵筋放入箍筋内较困难。如图 2-190 所示。

原因分析：

转角叠合梁箍筋未设置成组合封闭箍筋，导致上部弯锚纵筋无法穿入箍筋内。

防治措施：

1. 参考《装配式混凝土结构连接节点构造》15G310—1 叠合梁中组合封闭箍筋构造的具体做法，将转角梁箍筋上部切割成开口箍筋，并将梁开口箍筋向下弯 135°。如图 2-191所示。

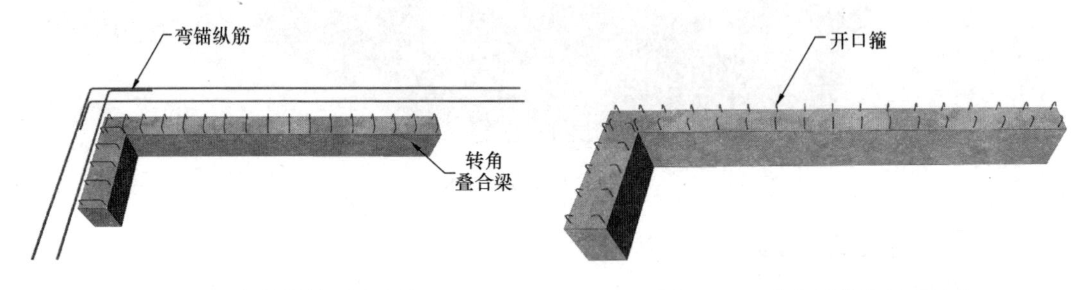

图 2-190　弯锚纵筋无法安装　　　　图 2-191　叠合梁箍筋处理示意

2. 放置上部弯锚纵筋入开口箍内，焊接开口箍筋和箍筋帽，使其组合成封闭箍筋，绑扎叠合梁上部弯锚纵筋和箍筋。如图 2-192 所示。

3. 在设计阶段，将叠合梁箍筋设置成组合封闭箍筋。

4. 在工厂生产阶段，预先将叠合梁上部弯锚纵筋放入箍筋内与箍筋绑扎成整体。如图 2-193 所示。

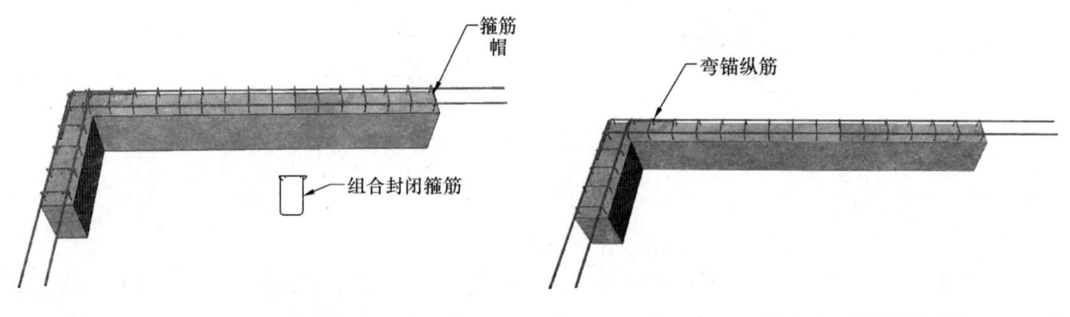

图 2-192　开口箍纵筋绑扎示意　　　　图 2-193　生产阶段预制构件示意

【问题 134】梁支座负筋多，安装困难

问题表现及影响：

梁节点处支座负筋密集，钢筋安装难度大。如图 2-194 所示。

原因分析：

设计单位在节点处设计钢筋过密，影响支座负筋放入叠合梁内。

防治措施：

1. 一侧叠合梁吊装后，将支座负筋放入叠合梁内，再吊装另一侧叠合梁，采用拉结

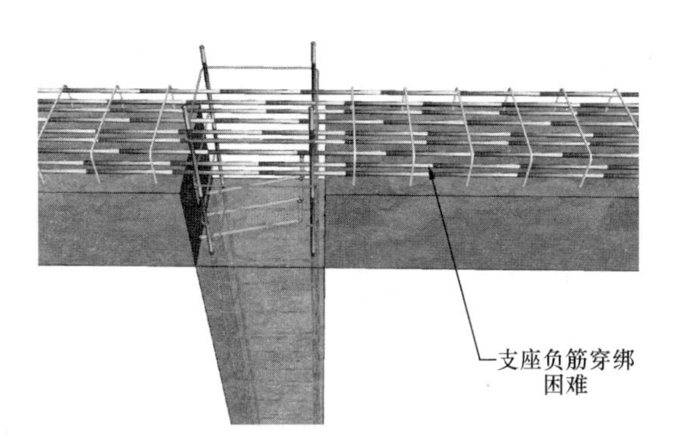

图 2-194　梁支座节点钢筋安装示意

筋辅助绑扎固定支座负筋。

2. 在构件生产阶段联系设计，优化梁节点处钢筋布置，可采取等面积代换原则，增加钢筋分布间距，减少钢筋数量。

【问题 135】叠合楼板桁架筋偏高

问题表现及影响：

桁架筋实际高度超过设计高度，偏差影响楼板面标高。如图 2-195 所示。

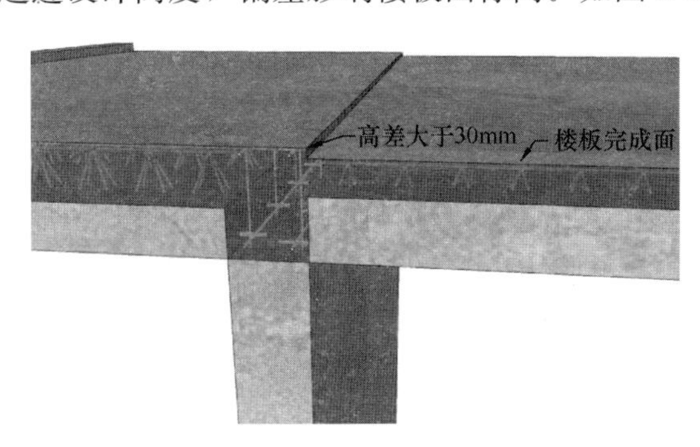

图 2-195　叠合楼板完成面有高差

原因分析：

工厂生产阶段，桁架筋外露高度超过设计值 15～20mm。

防治措施：

1. 混凝土浇捣后，楼板面高差可在装修阶段适当减少找平层水泥砂灰厚度，使楼板装修后标高满足设计图纸要求。

2. 设计阶段，应严格按照《桁架钢筋混凝土叠合板（60mm 厚底板）》15G366—1 规范中叠合板要求进行设计。

3. 工厂生产叠合楼板时，桁架筋与底板钢筋绑扎后，应对桁架筋高度进行复核。桁架筋高度应根据《装配式混凝土结构技术规程》JGJ 1—2014 规范中相关要求（表 2-7）进行验收。

【问题 136】预制内墙顶面现浇梁钢筋安装困难

问题表现及影响：

预制内墙顶面现浇梁纵筋、箍筋绑扎困难。如图 2-196 所示。

图 2-196　纵筋、箍筋安装困难

原因分析：

板边都有 100mm 长的锚固钢筋需锚入梁内。在楼板吊装完成后，绑扎梁钢筋时，需在板的锚固钢筋下穿梁纵筋和梁分布箍筋，操作空间十分有限。

防治措施：

1. 在吊装全预制楼板前，用工具将板边锚固钢筋弯折，并适当上弯 20°左右，便于穿放梁纵筋和箍筋。

2. 设计优化，建议将楼板锚固钢筋向上弯折 20°～30°，吊装后方便板间梁箍筋和纵筋绑扎。如图 2-197、图 2-198 所示。

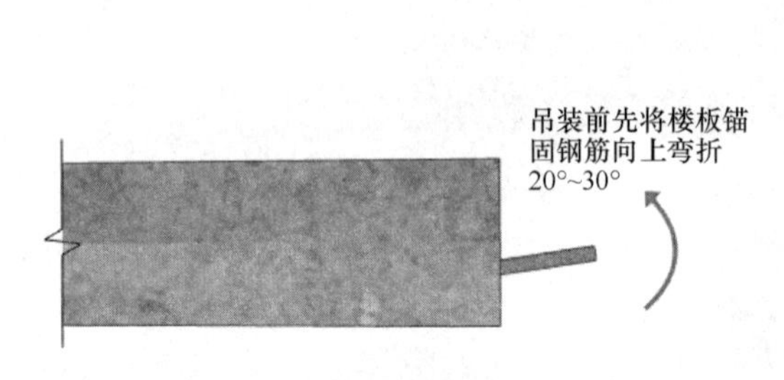

图 2-197　楼板锚固筋弯调示意

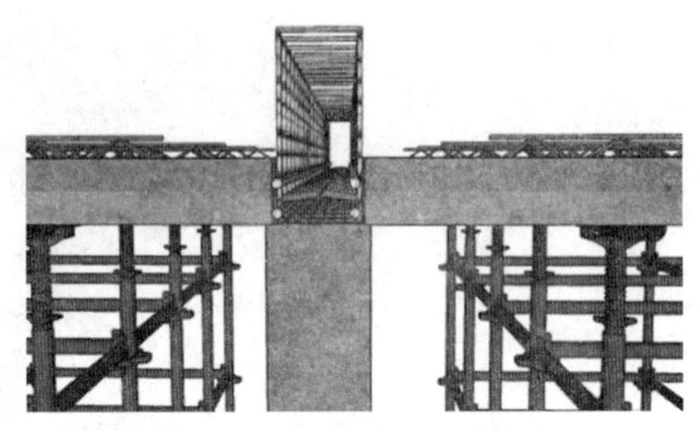

图 2-198　现浇梁箍筋和纵筋绑扎

【问题 137】高低跨处叠合楼板分布筋外露

问题表现及影响：

低跨楼板面分布筋外露。如图 2-199 所示。

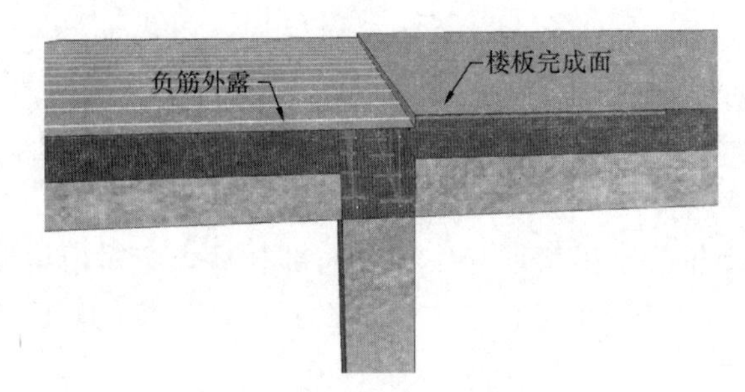

图 2-199　地跨板分布筋外露示意

原因分析：

1. 设计单位未在设计图中绘制高低跨板节点构造详图。

2. 现场钢筋安装未进行弯折处理，低跨处板面筋安装超高。

防治措施：

1. 可在装修阶段减少低跨板找平层厚度，调整高低跨板面高差。

2. 图纸设计时，楼板面筋在支座高宽比不大于 1/6 时，将高低跨板面筋设计成“Z”形；楼板面筋在支座高宽比大于 1/6 时，在高低跨板支座处将面筋断开且均设计为向下弯锚。如图 2-200、图 2-201 所示。

图 2-200 沉降板面处理（一）

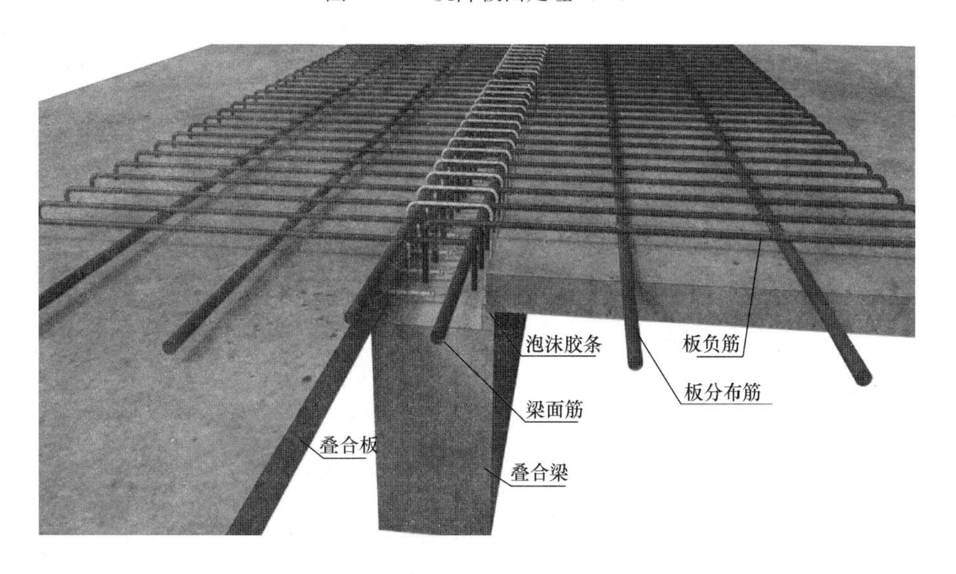

图 2-201 沉降板面处理（二）

3. 高低跨板处面筋安装完成后，复核面筋实际高差尺寸和图纸标注尺寸。

【问题 138】预制阳台板桁架钢筋超高

问题表现及影响：

桁架钢筋超高、阳台板混凝土浇筑后，导致外缘反边高度低。如图 2-202 所示。

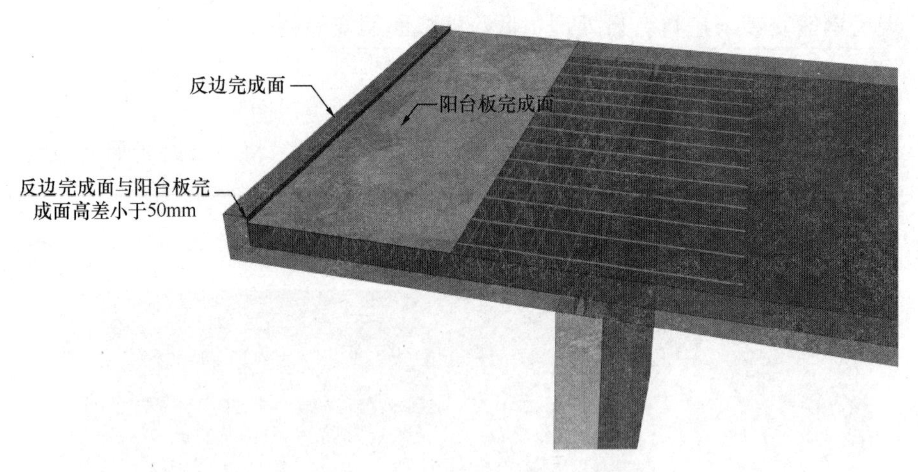

图 2-202 阳台板桁架钢筋超高示意

原因分析：

1. 设计图纸桁架筋高度不符合《桁架钢筋混凝土叠合板（60mm 厚底板）》15G366—1 规范的高求。

2. 工厂生产的叠合楼板桁架筋外露高度超设计值。

防治措施：

1. 设计阶段，应严格按照《桁架钢筋混凝土叠合板（60mm 厚底板）》15G366-1 规范中对应板型和宽度设计桁架筋高度。

2. 工厂生产阶段，桁架筋与底筋绑扎后应根据《装配式混凝土结构技术规程》JGJ 1—2014 规范进行验收，偏差值应满足规范中小于±5mm 的要求。

3. 征求设计同意后，增加阳台板外缘反边高度，具体做法如下：（1）在原阳台外缘反边植筋并绑扎反边梁钢筋；（2）分别在原设计位置加焊栏杆预埋件；（3）安装阳台板反边梁模板；（4）浇捣同阳台板配比细石混凝土。如图 2-203、图 2-204 所示。

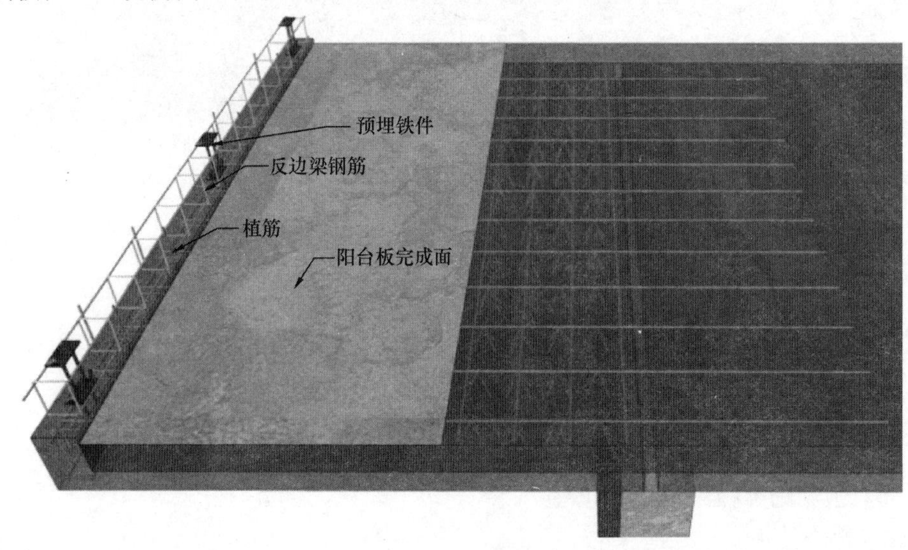

图 2-203 阳台反边处理示意（一）

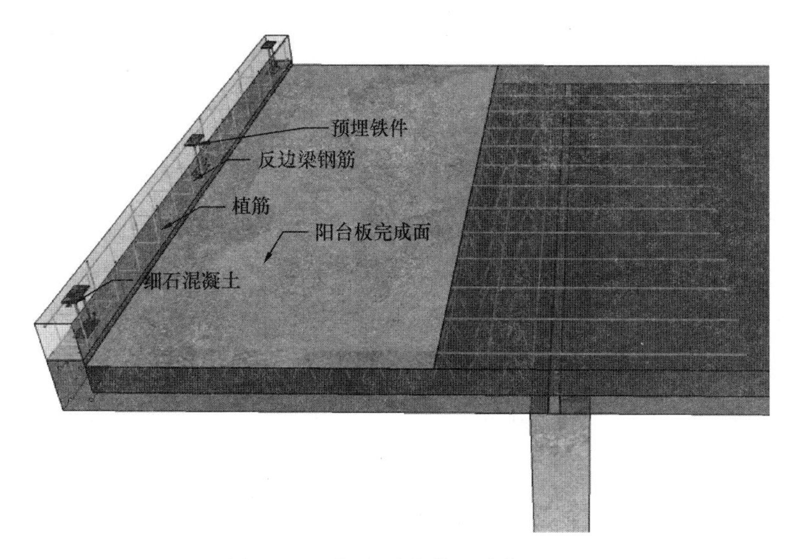

图 2-204　阳台反边处理示意（二）

【问题 139】剪力墙柱箍筋绑扎过高

问题表现及影响：

叠合梁吊装前，剪力墙柱箍筋绑扎超过梁底，导致叠合梁吊装落位困难。如图 2-205 所示。

原因分析：

墙柱箍筋绑扎超高，靠墙柱叠合楼板、叠合梁落位时，锚固钢筋与墙柱箍筋相干涉，施工困难。

防治措施：

1. 现场吊装时，构件落位困难，可将已绑扎超过叠合梁底的箍筋拆除。

2. 在外墙板弹叠合梁底控制线，对钢筋工进行交底，现场墙柱钢筋绑扎时，箍筋绑扎至叠合梁底即可。

图 2-205　箍筋绑扎过高示意

【问题 140】预制阳台、空调板锚固筋焊接不合格

问题表现及影响：

预制阳台及空调板属于较重的预制构件，且为悬挑结构。若锚固钢筋焊接不合格，将存在掉落等严重安全隐患（预制构件少数锚固筋焊点出现脱落、气孔、裂纹）。

原因分析：

1. 工人不具备焊工资格，焊接技术不到位。

2. 未对工人进行技术交底。

3. 吊装过程对锚固钢筋进行点焊临时固定后，未进行进一步加强。

防治措施：

1. 焊接工人必须培训合格后持证上岗。

2. 严格按照《钢筋焊接及验收规程》JGJ 18—2012 对锚固钢筋进行焊接，焊接后根据此规范的验收规程对焊接质量进行检查和验收。

锚固钢筋焊接应符合规范中焊点处应无明显烧伤、烧断、脱点的要求。

【问题 141】叠合楼板桁架筋偏低

问题表现及影响：

预制楼板桁架筋偏低，导致面筋安装高度过低，现浇层混凝土保护层过大。

原因分析：

1. 工厂生产桁架筋高度未满足《桁架钢筋混凝土叠合板（60mm 厚底板）》15G366—1 规范中对应板型和宽度设计的桁架筋高度。

2. 工厂生产过程，桁架筋预埋位置较设计位置偏低。

防治措施：

1. 现场面筋安装时，增加马凳筋，保证安装高度。

2. PC 构件生产过程加强监督，及时检查；进场前应根据《装配式混凝土结构技术规程》JGJ 1—2014 规范中相关要求（表 2-7）对桁架筋高度进行验收。

【问题 142】相邻叠合板未设置拼缝钢筋

问题表现及影响：

预制装配式建筑楼板与传统楼板存在区别，相邻叠合板设置了拼缝钢筋，而传统楼板并无此项。拼缝钢筋未安装，将影响楼板整体性，增加楼板拼缝开裂风险。

原因分析：

1. 未对叠合楼板拼缝钢筋的直径、间距、长度、施工工艺及质量要求等内容向工人进行技术交底。

2. 施工管理不当，技术人员事先没有熟悉楼板图纸，未对拼缝钢筋进行翻样，现场工人未安装拼缝钢筋。

防治措施：

1. 设计单位对已浇筑混凝土的楼板通过结构性能分析确定处理方法。

2. 注意预制装配式建筑楼板与传统楼板的区别，施工前必须对工人进行拼缝钢筋直径、间距、长度等内容的技术交底。

3. 楼板钢筋安装完成后，对拼缝钢筋安装进行复核。如图 2-206 所示。

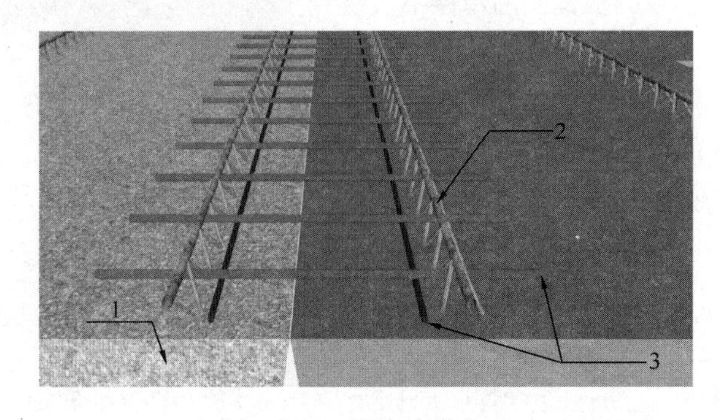

图 2-206　拼缝钢筋布置

1—叠合楼板；2—桁架钢筋；3—楼面拼缝钢筋

【问题 143】大跨度叠合梁面筋安装困难

问题表现及影响：

大跨度叠合梁，现场梁面筋安装难度较大 。

原因分析：

因梁跨度较大且预制部分箍筋全部预埋，导致面筋安装操作困难。

防治措施：

1. 将跨度较大的叠合梁上部弯锚钢筋末端改为螺栓锚头，并对梁柱接头区域柱箍筋加密处理；或将梁纵筋跨中截断，放入叠合梁内进行搭接，截断要求及其搭接长度应满足《装配式混凝土结构连接节点构造》15G310—1 规范中受拉钢筋抗震锚固长度 l_{ae}的要求。

2. 设计跨度较大叠合梁时，参考《装配式混凝土结构连接节点构造》15G310—1 叠合梁中组合封闭箍筋构造的具体做法，将跨度较大叠合梁部分箍筋改成组合封闭箍筋，箍筋帽安装后进行封闭处理。

3. 在工厂生产阶段，预先将叠合梁上部弯锚纵筋放入箍筋内，与箍筋绑扎成整体。

2.7 混凝土工程

【问题 144】预制装配式建筑墙柱混凝土浇筑方式不正确

问题表现及影响：

预制装配式建筑墙柱混凝土浇筑方式不正确，导致外墙板、模板侧压力太大，胀模开裂。

原因分析：

1. PC 构件作为墙柱外模安装后，存在构件拼缝，墙柱混凝土未分层浇筑，导致模板侧压力过大，胀模开裂。

2. 墙柱浇筑振捣方式不对，在一个点振捣时间过长，振捣棒过粗。

防治措施：

1. 墙柱混凝土分层分次浇筑，一般墙柱混凝土分三次浇筑。第一次混凝土放料浇筑至墙柱 1/3 高，振捣均匀密实；第二次浇筑放料在第一次浇筑混凝土初凝前，振捣时混凝土振动棒直上直下插入至上次浇筑面下 50～100mm 后，向上拔出，逐点移动振捣；最后一次浇筑时，注意下料以便于顶部浇筑。如图 2-207 所示。

图 2-207 混凝土浇筑

2. 振动棒建议选用 30mm 小规格，振捣时避开对拉杆件、水电预埋件，不应振捣钢筋与模板。

3. 振动棒振捣时应“快插慢拔”，每点的振捣时间宜为 20～30s，以混凝土不再沉落，不出现气泡，表面泛浆且表面平坦为好，防止过振、漏振。

4. 每插点距离宜为300～400mm且分布均匀。

【问题145】楼板板面超高

问题表现及影响：

叠合楼板现浇层混凝土超过设计厚度，影响楼层净高及后期精装修施工。如图2-208所示。

原因分析：

1. 预制装配式建筑叠合楼板分为预制层和现浇层，现浇层厚度一般为6～8cm，比传统建筑现浇楼板10～12mm要薄，导致线管交叉敷设层数过多的部位隆起过高，为避免线管外露，造成混凝土面局部过高。

2. 预制装配式建筑叠合楼板现浇层厚度一般为6～8cm，厚度较小，浇筑过程使用混凝土的粗骨料粒径过大。

防治措施：

1. 二次找平及精装修过程进行调整，在保证楼层设计净高的前提下，适当减少找平厚度。

2. 预埋水电管线过程严格按图纸施工，尽量避免过于集中的情况。线管应紧贴叠合楼板，并从叠合楼板的桁架钢筋下敷设，最多两层线管交叉叠合敷设，不能超过三层（含三层）。如图2-209所示。

图2-208 叠合楼板安装不平整

图2-209 叠合楼板水电管线布置

3. 严格控制混凝土的配合比，避免使用粒径较大的粗骨料。根据《混凝土结构工程施工质量验收规范》GB 50204—2015，实心混凝土楼板粗骨料的最大粒径不宜超过板厚的1/3，且不应超过40mm。

【问题146】墙柱混凝土浇筑时，外挂板外移

问题表现及影响：

墙柱混凝土浇筑时，预制外挂板作为外模使用，浇筑过程中外挂板因混凝土挤压而外移，影响墙柱结构尺寸及外墙装饰施工。

原因分析：

1. 预制外挂板预埋套筒或对拉杆滑丝。

2. 预制外挂板底部与楼板 L 形连接件固定不牢固。

3. 混凝土未分层浇筑或浇筑速度过快，导致外挂板侧压力过大位移。

防治措施：

1. 预制外挂板在浇筑过程中出现偏位时，应立即停止施工，用手拉葫芦或其他方式加固，防止外挂板进一步外移。

2. 外墙装饰施工时，凿除外立面凸出部位，重新抹灰修补。

3. 模板安装前，必须对预埋套筒及对拉螺杆进行拉拔检验，确认其抗拉强度，对拉螺杆安装后，全数检查，确认丝杆拧固到位。

4. 混凝土浇筑过程中，派专人护模，观察外挂板垂直度、拼缝变形、墙柱截面宽度有无变化，发现偏位及时处理。处理后外挂板垂直度偏差控制在 10mm 以内。如表 2-15 所示。

现浇结构位置、尺寸允许偏差及检验方法　　表 2-15

项　目			允许偏差（mm）	检验方法
轴线位置	整体基础		15	经纬仪及尺量
	独立基础		10	经纬仪及尺量
	柱、墙、梁		8	尺量
垂直度	柱、墙层高	≤6m	10	经纬仪或吊线、尺量
		>6m	12	经纬仪或吊线、尺量
	全高（H）≤300m		H/30000+20	经纬仪、尺量
	全高（H）>300m		H/10000 且≤80	经纬仪、尺量
标高	层高		±10	水准仪或拉线、尺量
	全高		±30	水准仪或拉线、尺量
截面尺寸	基础		+15，−10	尺量
	柱、梁、板、墙		+10，−5	尺量
	楼梯相邻踏步高差		±6	尺量
电梯井洞	中心位置		10	尺量
	长、宽尺寸		+25，0	尺量
表面平整度			8	2m 靠尺和塞尺检查
预埋件中心位置	预埋板		10	尺量
	预埋螺栓		5	尺量
	预埋管		5	尺量
	其他		10	尺量
预留洞、孔中心线位置			15	尺量

【问题 147】预制内墙与现浇墙柱错台

问题表现及影响：

现浇混凝土与预制墙体出现错台情况，影响精装修墙面施工。

原因分析：

1. 模板设计本身存在缺陷，现浇混凝土模板未搭接至预制墙体，或搭接长度不够。

2. 预制墙体未预留模板对拉孔，导致模板与预制墙体搭接部分无法有效固定。

3. 模板经反复拆装变形严重，或支模时模板垂直度控制不严。

4. 浇筑过程混凝土侧压力较大，导致模板变形。

防治措施：

1. 将现浇错台高出部分用铁钎凿除，露出碎石，新茬表面比构件表面略低稍微凹陷成弧形；用水将新茬面冲洗干净，洒水使混凝土结合面充分湿润；在基层处理完后，先抹一层水泥素浆打底，然后按照抹灰工的操作方法用水泥砂浆自下而上将砂浆大力压入结合面，反复搓动，抹平。修补用的水泥应与原混凝土品质一致，砂子用中粗砂，必要时掺拌白水泥，保证混凝土颜色一致。

2. 现浇构件与预制构件搭接部位，模板应向预制构件方向延伸 100mm。

3. 预制墙体生产时，检查模板对拉孔预留位置和数量。

4. 定期修整、更换模板，确保模板平整度满足《混凝土结构工程施工质量验收规范》GB 50204—2015 中相关要求（表 2-13）。

5. 装模时，叮嘱操作工人检查拉杆是否拧紧，杜绝使用坏丝的拉杆螺母和已变形拉杆；混凝土侧压力比较大时，拉杆上双螺母。

6. 混凝土浇筑过程派专人护模，实时监督。

【问题 148】外挂板拼缝漏浆

问题表现及影响：

预制外挂板横缝及竖缝在混凝土浇筑过程中出现漏浆，导致现浇墙柱出现蜂窝麻面等质量缺陷，影响外墙防水及装饰施工。

原因分析：

1. 外挂板竖向拼缝未采取有效封堵措施或封堵不密实。

2. 外挂板横向拼缝在叠合楼板浇筑时混凝土外溢，污染外墙面。

防治措施：

1. 蜂窝表面可先洗刷干净，用 1∶2 或 1∶2∶5 水泥砂浆抹平压实；麻面表面可先在麻面局部浇水充分湿润，用原混凝土配合比去石子砂浆，将麻面抹平压光。

2. 外墙防水及涂料施工前，将漏浆处理干净，并对外墙面进行打磨再进行相应工序。

3. 竖向拼缝采用防水卷材封堵严实，再进行墙柱混凝土浇筑；叠合楼板现浇层施工时，靠近外挂板部位降低浇筑速度，防止混凝土外溅。如图 2-210 所示。

图 2-210　外墙板拼缝处加固处理

【问题 149】插筋孔灌浆不密实

问题表现及影响：

插筋孔灌浆不密实，影响隔墙板稳定性。

原因分析：

灌浆孔内积水、杂物未清理，影响灌浆密实度。

防治措施：

1. 混凝土浇筑前，清理灌浆孔内的杂物，检查插筋是否安装到位。

2. 楼板面插筋孔内积水，用海绵或干布吸干。

3. 楼面混凝土浇筑前，注意用塞子或盖板对灌浆孔进行保护，防止杂物或积水进入孔内。如图 2-211 所示。

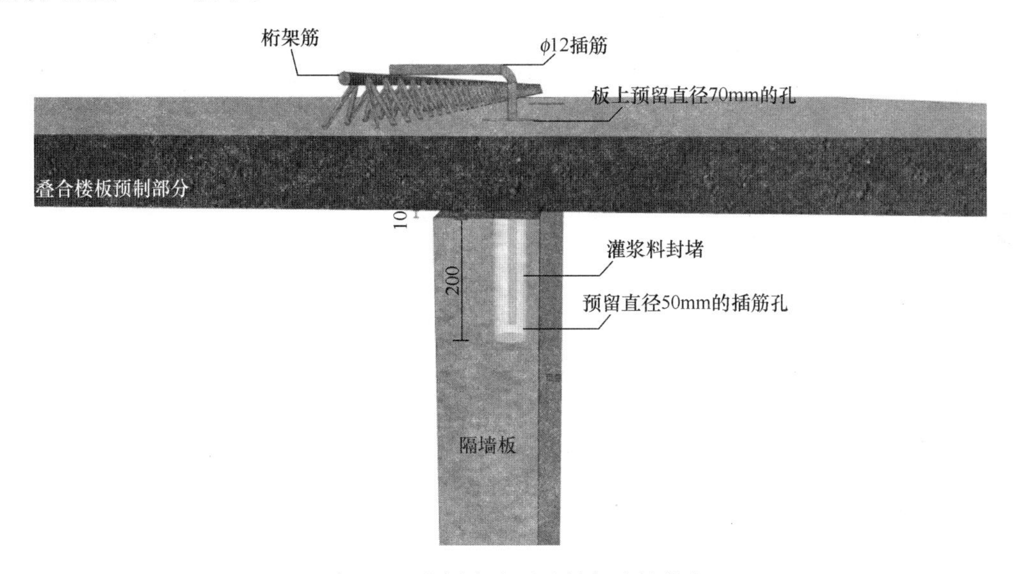

图 2-211　隔墙板与叠合楼板连接节点

2.8　屋面工程

【问题 150】预制女儿墙与构造柱拼缝渗漏

问题表现及影响：

屋面预制女儿墙与构造柱拼缝处渗漏，造成外墙饰面污染。

原因分析：

1. 女儿墙与构造柱的拼缝未进行防水处理，水由该缝隙进入女儿墙竖向拼缝，导致渗漏。

2. 构造柱浇筑后不密实，存在蜂窝、孔洞等质量缺陷。

防治措施：

1. 将构造柱本身质量缺陷进行修整：（1）将蜂窝软弱部分凿去，用高压水及钢丝刷将结合面冲洗干净；（2）修补用的水泥品种必须与原混凝土一致，砂子用中粗砂；（3）水泥砂浆的配比为 1∶2 到 1∶3，并搅拌均匀，有防水要求时，在水泥浆中掺入水泥用量

1%～3%的防水剂，起到促凝和提高防水性能的目的；(4) 按照抹灰工的操作方法，用抹子将砂浆大力压入蜂窝内，刮平，在棱角部位用靠尺将棱角取直；(5) 修补完成后，用麻袋进行保湿养护。

2. 清理该拼缝位置并打磨平整，用防水胶沿拼缝进行密封。

3. 整改完成后进行淋水试验，确认拼缝位置不再渗水。

【问题 151】预制女儿墙与反梁拼缝渗漏

问题表现及影响：

屋面预制女儿墙与墙根部反梁拼缝处渗漏。如图 2-212 所示。

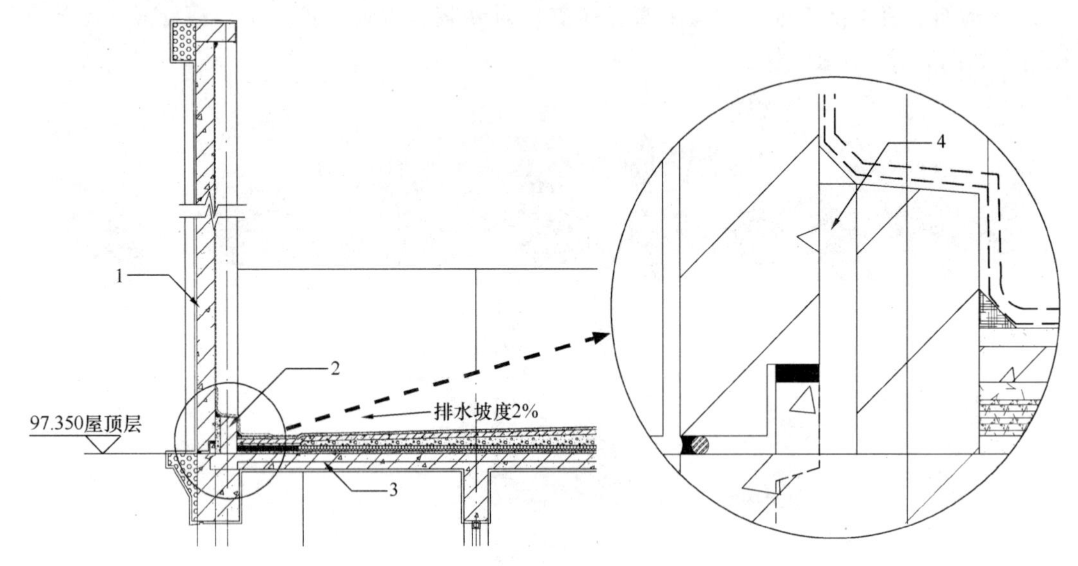

图 2-212　预制女儿墙与反梁拼缝节点渗漏

1—女儿墙；2—反梁；3—屋面板；4—拼缝处渗漏

原因分析：

女儿墙与反梁的拼缝未进行防水处理，水由该缝隙进入女儿墙竖向拼缝，导致渗漏。

防治措施：

1. 反梁浇筑时，靠女儿墙位置预留 2cm 缝隙，用自密实混凝土罐实。

2. 将女儿墙与反梁拼缝位置用密封膏进行密封。

3. 在拼缝位置增加防水卷材或涂膜防水附加层，附加层厚度参考《屋面工程技术规范》GB 50345—2012 中相关要求。如图 2-213、表 2-16 所示。

附加层最小厚度　　**表 2-16**

附加层材料	最小厚度（mm）
合成高分子防水卷材	1.2
高聚物改性沥青防水卷材（聚氨酯）	3.0
合成高分子防水涂料、聚合物水泥防水涂料	1.5
高聚物改性沥青防水涂料	2.0

注：涂膜附加层应夹铺胎体增强材料。

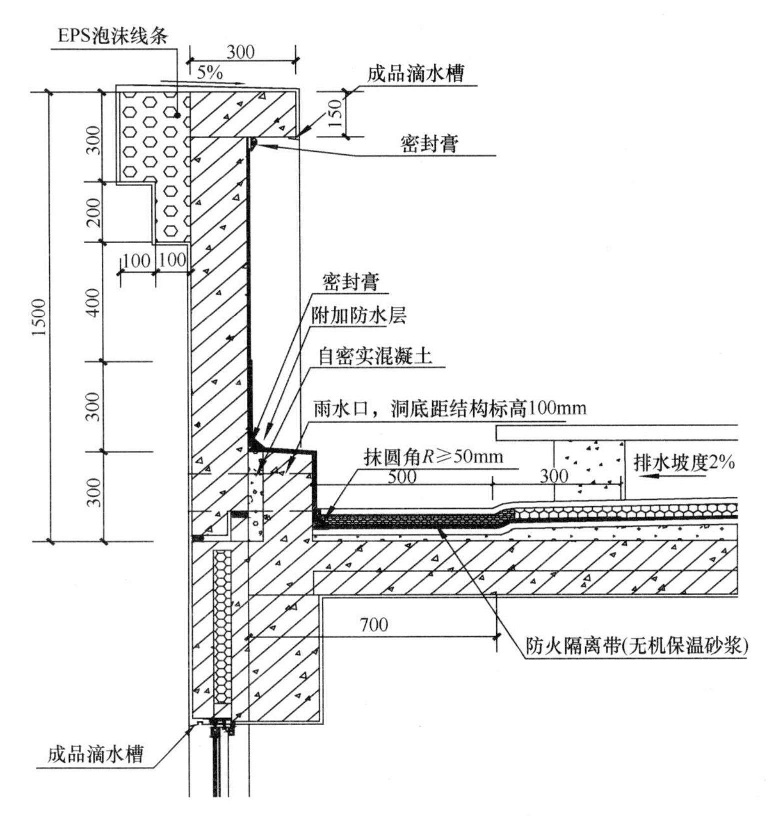

图 2-213　预制女儿墙与反梁拼缝节点做法

【问题 152】屋面叠合楼板预留孔洞错位

问题表现及影响：

预制屋面板在生产过程中出现预留孔洞位置偏差或遗漏等问题，影响出屋面管道安装。

原因分析：

1. 屋面板与标准层楼板预埋孔洞存在差异，生产过程未进行区分。

2. 工厂未按设计图纸进行预留，构件进场未做详细验收。

防治措施：

1. 将错误预留洞口按要求进行封堵：（1）洞口凿毛到新鲜混凝土，露出石子，清理冲洗干净；（2）吊模：装好底模，用铁丝穿过模板吊在板面的短钢筋上；（3）浇筑一半混凝土：混凝土必须有石子，可以是细石。浇筑前混凝土面要湿润，混凝土仔细插捣密实。混凝土浇筑完 3～4h 后将表面抹平压紧；（4）混凝土浇筑第二天剪断铁丝，浇筑剩下的混凝土，混凝土完成面较板面低 1cm。浇筑前混凝土面要湿润，混凝土仔细插捣密实。混凝土浇筑完 3～4h 后将表面抹平压紧。混凝土终凝硬化以后，洒水养护一周；（5）拆除底模。

2. 在孔洞预埋正确位置按设计尺寸将屋面板切割开孔，屋面板现浇层施工时，在洞口位置进行加强。根据《高层建筑混凝土结构技术规程》JGJ 3—2010，楼板开大洞削弱后，宜采取下列措施：（1）加厚洞口附近楼板，提高楼板配筋率，采用双层双向配筋；

(2) 洞口边缘设置边梁、暗梁；(3) 在楼板洞口角部集中配置斜向钢筋。具体施工应征求设计院的意见。

3. 生产完成后，进行检查复核。构件复核应参考《混凝土结构工程施工质量验收规范》GB 50204—2015 中预制构件的尺寸偏差及检验方法的规定（表 2-7）。

【问题 153】屋面层非标构件吊装难度大

问题表现及影响：

部分屋面女儿墙及出屋面建筑的构件因造型和高度不同，尺寸较大，吊装就位难度较大。

原因分析：

1. 屋面层非标构件尺寸较大，重量较大，起吊高度较高。

2. 屋面墙板吊装施工为室外高空作业，受风力影响较大，安全系数降低。

防治措施：

1. 吊装前必须确认屋面板现浇混凝土达到要求强度，不能过早吊装。

2. 尽量选择在风速小于 10m/s 的时段施工。

3. 吊装及安装斜支撑过程必须监督到位，防止墙板固定不牢，发生墙板高空坠落事故。

【问题 154】屋面防水层选材不合理，或直接外露使用

问题表现及影响：

1. 屋面防水层选用不合理，不能满足屋面环境下的使用需求，发生渗漏。

2. 不能直接外露的卷材直接外露使用，造成卷材提前老化，耐久性降低。

3. 选用的防水产品，以氧化沥青为基础原料，采用废胶粉与增塑油作为改性剂，胎基采用玻纤毡、玻璃丝网格布、调棉无纺布，物理力学性能及耐久性差。

原因分析：

1. 屋面的环境复杂，受温度条件、紫外线、天气情况、结构变形等因素影响较大，防水层选用不合理，在恶劣环境条件下发生材料老化、开裂、变形等情况，使防水层失去防水功效。

2. 由于不能外露的防水层直接外露使用，导致防水层在外界环境条件的影响下出现与基层脱开、提前老化、开裂、变形等情况，在女儿墙、出结构管道及落水口等细部节点处及防水层收口部位问题显著。

3. 改性剂无弹塑性，缺少耐低温性能，具有极低或者无延伸性能，易脆，无光和热的稳定性，即使在正温 10℃以上，也有可能出现裂缝或者断裂，且低温冷脆，高温流淌；胎基的拉力、延伸力无法满足聚酯毡的要求，抗拉强度损失很大，直接影响到防水材料卷材的耐久性和质量，危害严重。

防治措施：

1. 防水层应采用厚度较大且具有胎基的改性沥青防水卷材，采用满粘法与结构基层满粘。

2. 防水层施工完毕经验收合格后，应采取保护措施，不上人屋面可采用水泥砂浆保护，上人屋面采用混凝土保护。

3. 女儿墙、出结构管道等部位应采取可靠的保护及固定措施（图 2-214），防止防水层在此部位出现与基层脱开、变形等情况，做好成品保护。

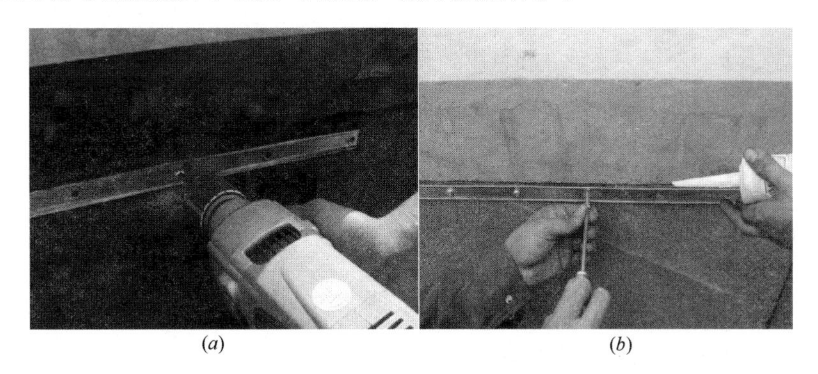

(a)　　(b)

图 2-214　固定措施
(a) 压条固定；(b) 压条上口打胶密封

4. 所选沥青特性应为低沥青质、高油分、高胶质、低蜡，油分使沥青具有流动性，但含量增大稳定性变差；树脂使沥青具有塑性；沥青质提高沥青的粘结性和稳定性；所选改性剂应为优质改性剂，它是决定卷材性能的关键因素；卷材胎体材料选用长丝聚酯无纺布，其具有极高的抗拉强度和较高的延伸率，使卷材具备较好地适应建筑物各种变形产生的裂缝的能力。

南方区域推荐采用 3＋3mm 厚 SAM-980 自粘改性沥青防水卷材（细砂面，细砂为粒径不超过 0.6mm 的矿物颗粒）。SAM-980 自粘改性沥青防水卷材聚酯胎基拉伸性能大于等于 400N/50mm，延伸率大于等于 30%，对基层收缩变形和开裂的适应能力强；耐穿刺、耐硌破、耐撕裂；可采用自粘法、湿铺法施工，工法多样，能够满足不同环境条件下的施工需求，操作简单，施工速度快，质量可控；耐高低温性能好，－15℃的低温环境中弯曲无裂纹，仍能保持其性能，70℃的高温环境中不会出现流淌、滴落、滑移等现象。

北方区域推荐采用 3＋3mm 厚 PMB-741 SBS 改性沥青防水卷材（细砂面，细砂为粒径不超过 0.6mm 的矿物颗粒），如需外露使用，最上层防水卷材可采用表面为页岩面的产品。PMB-741SBS 改性沥青防水卷材聚酯胎基拉伸性能大于等于 500N/50mm，延伸率大于等于 30%，对基层收缩变形和开裂的适应能力强；耐穿刺、耐硌破、耐撕裂；可采用热熔法施工，此工法一年四季均可施工，满足北方低温环境条件下施工要求；耐高低温性能好，－20℃的低温环境中弯曲无裂纹，90℃的高温环境中不会出现流淌、滴落、滑移等现象。

第3章　装饰工程

3.1　外墙装饰工程

【问题155】防水胶表面涂料起壳、脱落

问题表现及影响：

防水胶表面外墙涂料起壳、脱落，影响外墙施工质量和美观。

原因分析：

1. 外墙防水胶表面刮腻子，腻子在防水胶表面粘结不稳易起壳。

2. 外墙防水胶受热膨胀变形大，表面装饰涂料易拉裂脱落。

防治措施：

1. 以外墙拼缝为分格缝，防水胶表面不刮外墙腻子。

2. 在拼缝处打胶时，做好保护措施，防止防水胶污染墙面，隔离外墙涂料与墙体粘结。如图3-1所示。

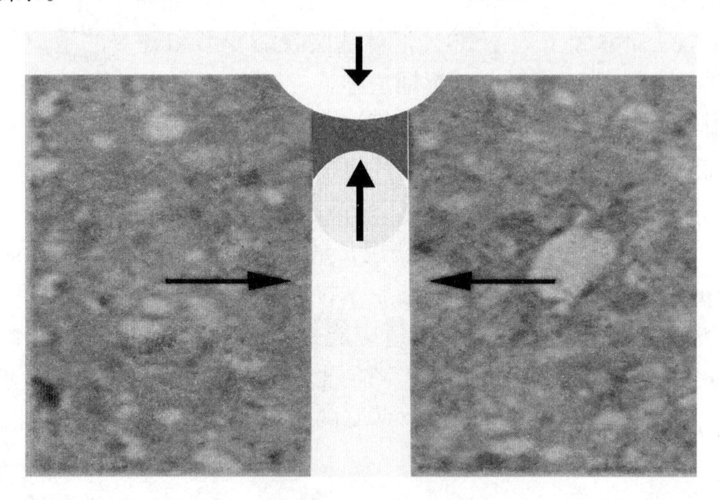

图3-1　外墙板拼缝打胶示意

【问题156】外挂板外立面不平整

问题表现及影响：

外挂板外立面不平整，导致涂料施工完成面不平，影响外墙装饰美观。

原因分析：

1. 外挂板在生产和运输过程中发生变形，导致外挂板吊装完成后出现翘曲。

2. 外挂板吊装安装定位不准确，影响外立面平整度。

3. 墙柱混凝土浇筑导致外挂板鼓胀外移。

防治措施：

1. 偏位较严重部位将外挂板表层混凝土凿除 ，用添加抗裂剂的水泥砂浆进行修补；较轻微部位将其磨平，复核平整度后再进行涂料施工，基层验收度应参考《建筑装饰装修工程质量验收规范》GB 50210—2001 中相关规定（表 3-1）。

构件外表面允许偏差和检验方法 **表 3-1**

平整内容	普通级	高级	检验方法
立面垂直度	4	3	用 2m 垂直检测尺检查
表面平整度	4	3	用 2m 垂直检测尺检查
阴阳角方正	4	3	用直角检测尺检查
分格条（缝）直线度	4	3	拉 5m 线，不足 5m 拉通线，用钢直尺检查
墙裙、勒脚上口直线度	4	3	拉 5m 线，不足 5m 拉通线，用钢直尺检查

2. 外挂板进入工地时对外观及尺寸严格验收，验收应参考《混凝土结构工程施工质量验收规范》GB 50204—2015 中预制构件的尺寸偏差及检验方法的规定（表 2-7）。

3. 外挂板放线及吊装时严格控制其精度，安装完成后验收应参考《混凝土结构工程施工质量验收规范》GB 50204—2015 中装配式结构构件位置和尺寸允许偏差及检验方法的规定（表 2-6）。

4. 混凝土浇筑过程派专人护模，发现外挂板外移，及时处理。

5. 具体外墙立面涂料施工工艺流程如下：基层修补、清理—添补缝隙—腻子打底找平—打磨—封底漆—第一遍面涂—细部处理—第二遍面涂—检查验收—涂料清理。

【问题 157】外墙起皮、脱落

问题表现及影响：

外墙涂料出现裂纹起皮，或者成块脱落现象。如图 3-2 所示。

原因分析：

1. 预制外挂板在生产、运输、储存、吊装过程中集聚过多的灰尘和垃圾，涂料施工前未清理到位。

2. 外挂板生产过程中脱模剂使用不当，如使用油性脱模剂；构件表面脱模剂未清理干净，导致涂料与构件粘结力降低。

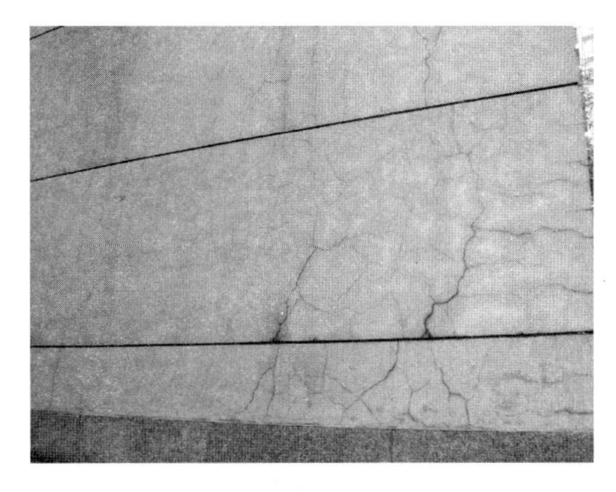

图 3-2 外墙起皮、脱落示意

防治措施：

1. 铲除开裂区域涂料，清理基层后再进行修补。

2. 涂料施工前必须对基层进行清理，保证施工面的清洁。

3. 涂料进场验收严格把关，保证产品质量。

4. 外挂板生产过程使用合适的脱模剂。

5. 采用渗透型底漆，使底漆不形成漆膜；采用较粗的外墙腻子粉，以加大表面接触面积，增加附着力。

【问题 158】外墙涂料流挂

问题表现及影响：

涂膜部分下垂，形成类似眼泪状或波纹状。如图 3-3 所示。

图 3-3　外墙涂料流挂示意

原因分析：

1. 外挂板表面太光滑。

2. 外挂板局部凹凸不平，在凹处形成积油。

3. 油漆稀释过度、黏度过低。

4. 油漆干燥速度太慢。

5. 喷涂压力大小不均匀，使用滚筒时速度不匀；使用喷枪时未调整好压力和距离。

防治措施：

1. 稀释剂按比例加入，不要过度稀释。

2. 选用合适的稀释剂加快干燥速度。

3. 聘用熟练的技术工人进行操作，使用滚筒时应匀速涂刷；使用空气压缩机时，应调整好压力和距离，均匀喷涂。

【问题 159】外挂架预埋套筒处渗漏

问题表现及影响：

外挂板预埋套筒位置未进行有效封堵，进行外墙涂料施工，导致外墙渗漏。

原因分析：

预埋套筒位置未使用防水胶进行封堵，导致外墙渗漏。

防治措施：

1. 铲除预埋套筒位置涂料，重新打胶封堵后，再重新施工外墙涂料。

2. 外墙涂料施工之前，必须将预埋套筒位置用防水胶封堵严实，安排专人检查打胶质量。

【问题 160】外墙艺术饰面砖错缝

问题表现及影响：

相邻外墙艺术板安装后，砖缝对不齐。

原因分析：

1. 外挂板生产过程把控不严，导致相邻板砖缝未按统一标高设置。

2. 吊装精度不够，相邻板之间有高差，导致砖缝对不齐。

防治措施：

1. 生产过程严格把关，外挂板进场严格验收，不合格的外挂板更换返厂处理。

2. 用垫块调整安装高度对齐砖缝后，再将外挂板固定，确保相邻板块高差在 3mm 以内。

【问题 161】外墙拼缝胶打注不密实

问题表现及影响：

墙板拼缝胶不密实，导致拼缝处渗水。

原因分析：

外墙打胶质量差，拼缝胶有断点，或拼缝位置存在漏打现象。

防治措施：

1. 查找外墙渗漏点，先用铲刀铲除渗水部位板缝内浮浆、杂质、施工残留物，再用毛刷清理干净，并用钢丝刷清理拼缝两侧污染物。如图 3-4 所示。

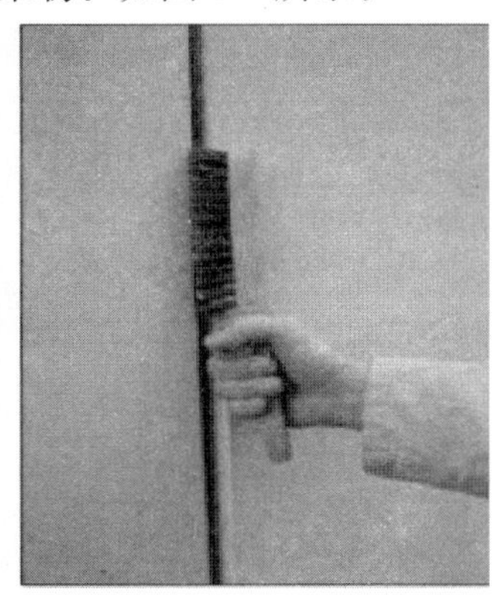

图 3-4　清理拼缝

2. 待拼缝槽口内水汽干燥后，填堵背衬材料（泡沫棒），确认缝宽与缝深 2∶1，保证打注拼缝胶平整密实饱满。如图 3-5 所示。

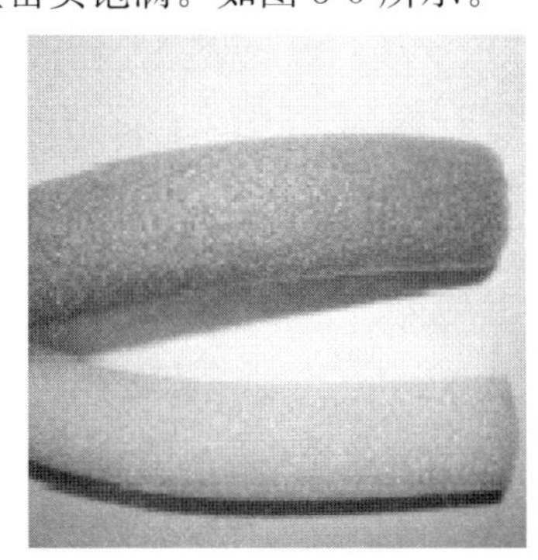

图 3-5　填堵背衬材料

3. 打胶时根据填缝宽度，45°角切割胶嘴至合适的口径，将外墙密封胶置入胶枪中，尽量将胶嘴探到接缝底部，保持合适的速度，连续打足够的密封胶并有少许外溢，避免胶体和胶体下产生空腔；确保密封胶与基层粘结良好。

【问题 162】外墙拼缝胶鼓胀开裂

问题表现及影响：

外墙拼缝胶鼓胀开裂，导致拼缝处渗漏。

原因分析：

1. 外墙拼缝聚氨酯胶打注前，缝槽内不干燥，凝结水聚集受热膨胀，导致拼缝胶变形开裂。

2. 拼缝打胶后未设置泄水孔。

防治措施：

1. 外墙打胶前，做好基层处理，拼缝内保持干燥无水汽，打胶施工时间选择10：00～16：00。

2. 打胶前确认好拼缝宽深比，当拼缝宽度小于10mm时，宽深比为1∶1；当拼缝宽度大于10mm时，宽深比为2∶1。施工现场根据实际缝宽选择相应比例，确保缝内有足够的胶厚度，防止热胀冷缩、缝胶厚度变形不一致开裂。如图3-6所示。

3. 外墙拼缝合理设置拼缝泄水孔（图3-7），排除缝槽内凝结水，每3层拼缝十字交叉口增设排水管。排水管安装时，首先检查排水管是否可以通水，排水管安装应选择直径8mm以上的管，安装时应保证排水管突出外墙的部分至少5mm长。

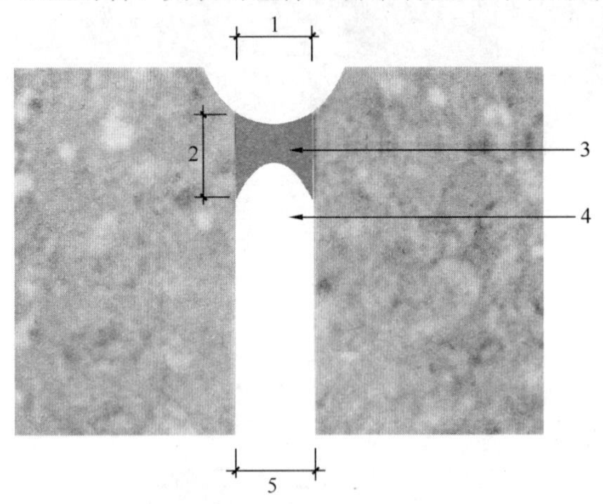

图3-6 拼缝宽深比示意

1—接缝宽度≥10mm；2—接口深度 A；3—墙漆色聚氨酯防水胶；4—ϕ25发泡聚乙烯棒；5—接口宽度 B

图3-7 墙板拼缝泄水孔安装示意

【问题163】U形板底口渗漏

问题表现及影响：

预制装配式建筑结构中，部分放置空调的位置，使用U形墙板与室内隔开，当雨水进入该位置后，将向室内蔓延。

原因分析：

1. U形墙板吊装未坐浆，墙板根部水平拼缝封堵不密实，吊装完成后，板底水平拼缝未做二次收口塞缝填堵，导致拼缝处存在渗漏空隙。

2. 该位置地漏偏高或堵塞，雨水不能及时排出，导致积水。

防治措施：

1. 检查确认板底渗漏点，清理渗漏处防水层，待基层晾干后，用防水砂浆填实拼缝渗漏处。

2. 对U形板内做好防水，并保证地漏等排水通畅。

3. U形板吊装时，确保板底坐浆密实。

【问题 164】外墙接缝密封防水的选材和施工不合理

问题表观及影响：

预制装配式建筑外墙接缝密封防水的选材和施工不合理，造成外墙接缝渗漏，影响建筑物使用功能。

原因分析：

预制外墙板受荷载、沉降、收缩等影响，接缝出现位移和非位移变形，导致接缝密封防水性能出现问题。

防治措施：

与现浇结构建筑相比，预制装配式建筑外墙存在众多水平接缝和竖向接缝，在外墙板接缝门窗洞口及飘窗、阳台、空调板等与外墙板连接部位的防水薄弱处，宜采用材料防水和构造防水相结合、定型密封材料（填充式）与非定型（开放式）密封材料相复合的做法，并应符合下列规定：

1. 墙板水平接缝宜采用高低缝或企口缝构造。

2. 墙板竖缝可采用平口或槽口构造。

3. 当板缝空腔需设置导水管排水时，板缝内应增设气密条密封构造。

4. 预制外墙水平接缝应采用构造防水为主、材料防水为辅的做法；竖向接缝应采用材料防水为主、构造防水为辅的做法。嵌缝材料应在延伸率、耐久性、耐热性、抗冻性、粘结性、抗裂性等方面满足接缝部位的防水要求。如图 3-8 所示。

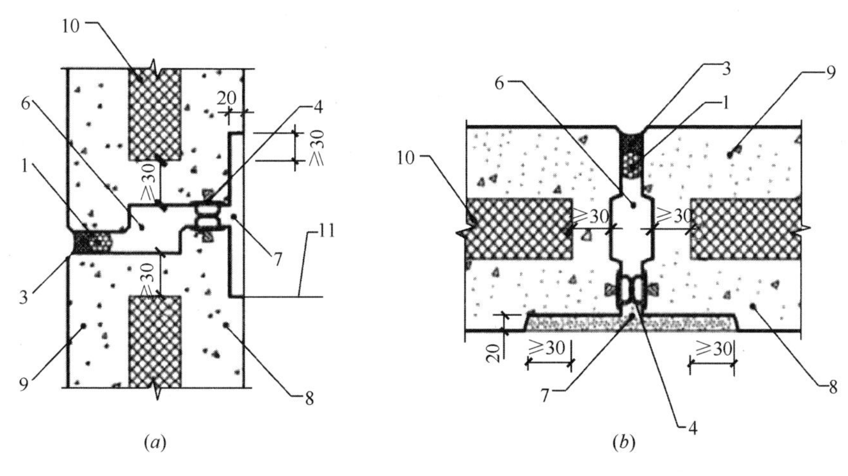

图 3-8　接缝处理

（a）水平缝；（b）垂直缝

【问题 165】外墙接缝密封胶出现胶体开裂、界面粘结破坏现象

问题表观及影响：

预制装配式建筑外墙接缝出现胶体开裂、界面粘结破坏现象，导致建筑外墙渗漏。

原因分析：

1. 对预制装配式建筑结构变形特性及构造理解不够，导致建筑密封胶选材不合理。

2. 外墙板接缝部位潮湿，表面浮灰、油渍等未清理干净。

3. 外墙板接缝部位的脱模剂未进行处理。

4. 外墙板接缝部位未选用配套专用底涂。

防治措施：

1. 预制装配式建筑密封胶应选择粘结性能优异、密封性能良好、位移变形能力强、低模高弹、耐候耐久等级高的（9030 耐久性级别）、环保型无污染的建筑密封胶；在正常使用条件下，不发生破坏，即使在极限位移条件下，产生内聚破坏的建筑密封胶。选用模量高的密封胶，如硅酮密封胶等，因其不能追随结构位移变形，密封胶本身模量较高，则必然会产生界面破坏。改性硅酮密封胶（MS）是最适合预制装配式建筑的密封胶。

2. 建筑密封胶属于有机类材料，基层含水率高，不能保证有效粘结；粘结界面的浮灰、油渍等易形成隔离界面，应清理干净，方可提高粘结质量。

3. PC 构件的表面脱模剂是影响密封胶粘结性能的主要因素，选用配套专用底涂，可有效解决脱模剂对粘结性能的影响。

4. 混凝土本身是一种多孔性材料，孔洞大小和分布极不均匀，密封胶的粘度相对较大，不能对粘结界面形成有效的浸润，不利于密封胶粘结；混凝土本身呈碱性，特别是在基材吸水时，部分碱性物质会迁移到密封胶和混凝土接触的界面，从而影响粘结，配套专用的底涂尤为重要，是确保密封胶粘结性能的关键措施。

【问题 166】外墙接缝表面饰面层开裂

问题表观及影响：

预制装配式建筑外墙接缝表面的饰面层开裂，影响建筑外立面效果。

原因分析：

饰面层的弹性变形能力远远低于外墙 PC 板接缝的位移变形需求，产生饰面层的开裂，继而产生外墙耐水腻子的吸水膨胀，导致饰面层的开裂或脱落。由于受叠合层楼板的平整度、楼层测量放线的精度、预留预埋位置不准确等因素影响，外墙板的安装质量不如预期，外墙接缝出现宽窄不一、不直等现象，必然影响外装修效果。因此，必须对外墙板的接缝进行修饰处理，对密封胶的表面涂饰性提出相应的要求。

防治措施：

在设计阶段，应根据设计效果和 PC 板的位移变形需求，选用合适的建筑密封胶，密封胶应尽量与外墙装饰分隔缝一致，密封胶外露使用，方可发挥其优势，避免在建筑密封胶表面施工整体外饰面层，以防止涂饰层开裂或脱落，建筑密封胶的颜色可进行选择或定制。

预制装配式建筑外墙 PC 板在运输和施工过程中，受搬运、碰撞、测量、安装、施工等因素影响，外墙板出现缺棱掉角、拼缝不齐、错缝等现象，可采用切割、砂浆修补、密封胶修补等方法。切割或砂浆修补的情况下，可在面层直接施工饰面层；采用密封胶修补的情况下，为保证外立面的装饰整体效果，需要在密封胶上施工外墙涂料或真石漆。因此，密封胶的涂饰性非常重要，如选用硅酮密封胶，无法在密封胶的表面进行可靠的涂饰施工。

【问题 167】外墙接缝处密封胶被污染

问题表观及影响：

预制装配式建筑外墙接缝出现泛油，造成粘结界面、密封胶及接缝周边的墙面出现不同程度的污染。

原因分析：

预制装配式建筑外墙接缝选用硅酮密封胶，硅酮密封胶中的硅油、硅树脂会渗透在外墙接缝表面，在外界的水和表面张力的作用下，硅油在外墙上扩散；空气中的污染物附着在硅油上，就会形成接缝周围的污染；同时硅油具有疏水性，在雨水的冲刷下形成条纹，造成明显的污染；粘结界面的污染是致命的，将降低后续的可维修性。

防治措施：

1. 选用无污染的改性硅酮（MS）密封胶。

2. 对污染的外墙面，使用专用溶剂进行清洗。

3. 对于已施工外墙拼缝的密封胶，因硅油已渗入外墙板粘结界面的结构内部，需使用角磨机、云石机等将污染部分切除后，继而清理基面、涂刷底涂，施工改性硅酮密封胶。

【问题 168】外墙接缝密封胶出现白化、鼓泡等现象

问题表观及影响：

预制装配式建筑外墙接缝密封胶出现白化、鼓泡等现象，影响外墙装饰效果及防水性能。

原因分析：

预制装配式建筑外墙接缝选用聚氨酯密封胶，在整个固化过程中，异氰酸酯与水反应，生成 CO_2 气体，表面固化后，造成内部气体来不及逸出，产生鼓泡现象；聚氨酯密封胶本身耐热、耐候、耐久性能较差，聚氨酯主链分子键能较低，在紫外线照射情况下或高温条件下，分子链断裂，出现老化、粉化或白化现象。

防治措施：

选用耐候耐久、高低温性能良好的改性硅酮密封胶。与聚氨酯密封胶相比，不含活泼的异氰酸酯结构和游离 NCO；不含溶剂、极低的可挥发物质（VOC），具有更佳的环保性、耐水性、耐久性（耐老化、不变色）、耐候性（耐热耐寒性）。

【问题 169】外墙 PCF 板的外叶板接缝产生堵塞

问题表观及影响：

预制装配式建筑外墙接缝发生堵塞现象，导致密封胶无法施工。

原因分析：

PCF 内叶板的现浇连接部位出现漏浆。

防治措施：

在保温板的接缝处，粘贴 100mm 宽、1.5mm 厚的自粘防水卷材，防止保温板接缝漏浆，增加防水构造；在先后浇筑的混凝土界面，涂刷不小于 1.0mm 厚的水泥基渗透结晶涂料。如图 3-9 所示。

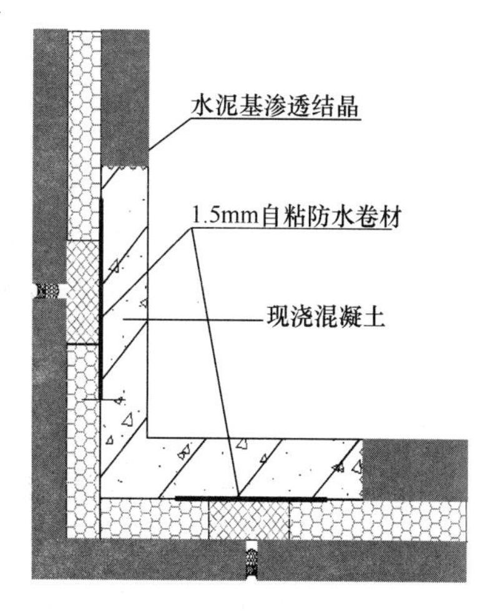

图 3-9 涂刷水泥基渗透结晶涂料

【问题 170】密封胶表面出现龟裂状裂纹

问题表观及影响：

密封胶表面出现龟裂状裂纹，导致密封胶使用年限缩短，且易产生外墙渗漏现象。

原因分析：

单组分密封胶采用湿气固化机理，由表及里逐渐深层固化，在固化过程中，PC 板依旧在不间断地循环胀缩变形，开始时参与变形的胶体少，导致表面出现龟裂纹。

防治措施：

加深对密封胶性能的认识，选用双组分改性硅酮密封胶（表 3-2）。

密封胶种类差异　　　表 3-2

	单组分改性硅酮（MS）密封胶	双组分改性硅酮（MS）密封胶
固化机理	单组分为湿气固化，受环境影响较大，如温度、湿度等，固化速度慢，由表层逐渐向内层固化，10mm 深胶缝固化时间需要 7～14 天	双组分为固化剂反应固化，受环境影响小，内、外层同步反应固化，固化更均匀、更快速，通常需要 48h 即可完成固化，胶体质量更有保障
节能环保	设计伸缩率和剪切形变率仅为双组分的 50%，胶缝宽度和深度相对较大； 无论采用软包还是硬管，密封胶在包装袋或管内均有残留，密封胶一旦打出，就无法回收利用，因此，单组分通常不采用压胶和刮胶工艺，胶体密实度、与基层粘结面积均得不到保证，施工损耗约为 20%～25%； 包装成本较高，施工垃圾相对较多，不利于节能环保	具有较大的设计伸缩率和剪切形变率，在同样的设计位移条件下，胶缝宽度和深度更小，材料用量更省； 双组分采用铁桶大包装和吸胶工艺，在胶体开放时间内，采用压胶和刮胶双重工艺，胶体密实度和粘结质量均得到可靠保障，余料可回收使用，施工损耗更低，仅为 3%～5%，更节能、更环保； 包装成本相对较低，残余垃圾较少，更节能环保
施工性能	单组分黏度相对较大，均采用挤出法施工，在低温施工时，黏度增加较为显著，低温施工性能较弱； 单组分胶枪受软包密封胶长度影响相对较长，在使用吊篮环境下，打胶操作较为不便，必然影响打胶质量，常采用一枪成活，对工人操作要求极高； 由于单组分密封胶不需要搅拌，直接装填，从表面上看，施工较为简捷、方便	唯有双组分改性硅酮（MS）密封胶采用吸胶法施工，黏度相对较小，低温施工性能较好； 双组分胶枪可随时进行吸胶和打胶作业，胶枪相对较短，操作更为灵便，采用压胶、刮胶和表面修饰，胶体质量、表观质量更佳； 双组分密封胶使用专用配套的搅拌机械，按照包装设定好的比例，搅拌充分、均匀，从搅拌、吸胶、打胶、打胶的整体工效来看，施工依然较为方便、快捷
物理性能	弹性回复率能满足 80%要求；耐久性达到 8020 耐久性级别，使用温度范围、耐久性、抗疲劳性相对较弱	弹性回复率较高，通常在 90%左右；耐久性达到更高 9030 耐久性级别，使用温度范围更宽泛、耐久性更好、抗疲劳性更佳
粘结性能	如不使用配套底涂，必然影响粘结质量，一旦粘结出现问题，如气密性、水密性等其他性能均不会存在，尤其是混凝土 PC 构件	使用配套专用底涂，以确保粘结性能
综合说明	双组分密封胶的综合性能要远远优于单组分密封胶，单组分唯一优点是不需搅拌，直接装填	

3.2 室内装修工程

【问题 171】叠合楼板 V 形拼缝处开裂

问题表现及影响：

叠合楼板拼缝处开裂，影响装饰施工。如图 3-10 所示。

原因分析：

1. 叠合楼板拼缝封堵前，V 形槽内有浮浆、粉尘，未清理干净；基层表面未洒水润湿。

2. 填缝施工时，未逐段紧贴压实，导致拼缝内部出现空洞。

3. 拼缝处使用不合格的填缝材料。

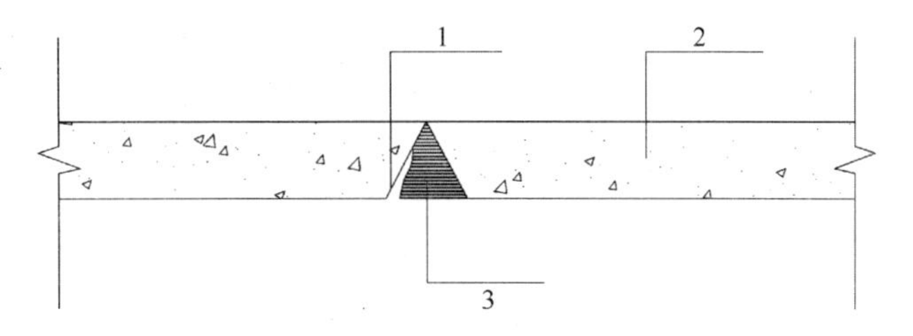

图 3-10 叠合楼板 V 形拼缝开裂示意

1—裂缝；2—叠合楼板；3—填缝材料

4. 填缝施工完成后，填缝材料凝固前拼缝受到震动或碰撞，导致填缝材料松动。

防治措施：

1. 拼缝处理前，对 V 形槽孔内粉尘和浮浆进行清理打磨，并用水润湿不得有明水。

2. 严禁采用不合格施工材料，应采用具有柔性抗裂、粘结强度高、耐候性好、使用环保、操作方便、在工地现场加水搅拌即可使用的专用填缝砂浆。

3. 填缝施工必须逐段紧贴基层并压实。

4. 填缝施工完成后，填缝砂浆终凝前板缝不得受到震动或碰撞。

【问题 172】外挂板与叠合梁预留孔洞错位

问题表现及影响：

预制外挂板与叠合梁同位置预留孔洞错位，导致排气管等无法安装。如图 3-11 所示。

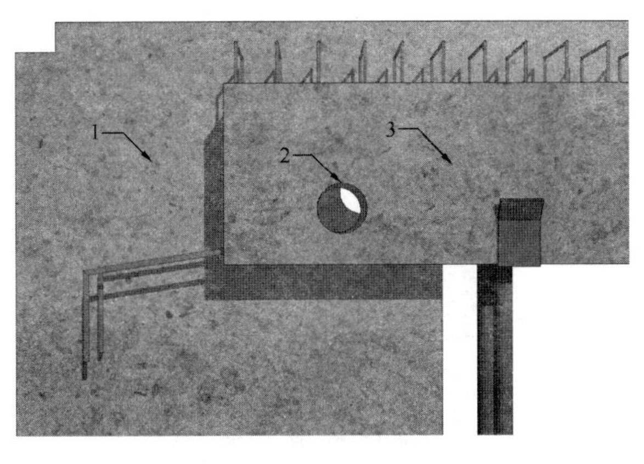

图 3-11 外挂板与叠合梁预留孔洞错位示意

1—外墙板；2—预留孔洞错位；3—叠合梁

原因分析：

1. 工厂生产时，外挂板与叠合梁预留孔洞偏位，未进行校核。

2. 吊装过程中，外挂板与叠合梁安装偏位，导致预留孔错位。

防治措施：

1. 在征求设计单位同意后，原设计位置重新开孔，并将错误洞口用同配比细石混凝土封堵，表面用抗裂砂浆抹面。

2. 生产过程严格控制预埋精度，且核对墙梁预留位置是否一致。

3. 吊装过程严格控制施工精度，避免因构件安装误差导致孔洞错位。构件安装验收参考《混凝土结构工程施工质量验收规范》GB 50204—2015（表 2-5）。

【问题 173】构件交界处开裂

问题表现及影响：

主体施工完成后，构件交界处出现裂缝，影响装修施工质量。

原因分析：

1. 现浇混凝土收缩，导致预制构件与现浇混凝土交界面出现裂缝。

图 3-12　构件结合处拼缝处理

2. 预制构件之间为刚性连接，受到扰动后易出现裂缝。

3. 装修时，构件交界处未按施工工艺处理。

防治措施：

在预制构件与现浇墙面交界处，分别设置深度 5mm、宽度大于 100mm 的压槽；清理掉表面浮浆及杂质后，将其表面润湿；采用网格布和抗裂砂浆填平压槽，且填缝面略低于相邻板面。如图 3-12 所示。

【问题 174】卫生间、厨房阴角防水涂层开裂

问题表现及影响：

卫生间、厨房防水施工完成后，阴角处防水涂层出现开裂现象。

原因分析：

墙板与楼板结合面出现裂缝，进而导致防水涂层受拉开裂。

防治措施：

1. 将开裂位置原防水涂层清除，基面清理打磨干净，重新涂刷防水涂层。

2. 在防水涂层施工的基础上，阴角位置加设一层防水卷材，防止因涂层开裂而再次出现渗漏。如图 3-13 所示。

图 3-13　刷聚氨酯涂料，铺贴防水卷材

3. 将卫生间防水施工墙根阴角部位清理干净，并做成钝角或圆弧，干燥后涂刷 JS 防

水，JS 干燥后涂刷聚氨酯防水涂料，成型后做防水保护层。

【问题 175】室内墙面砖脱落

问题表现及影响：

室内预制墙面贴砖出现脱落现象。如图 3-14 所示。

图 3-14　墙面砖脱落示意

原因分析：

1. 预制内墙其中一面为光滑表面，涂料施工前未对墙面进行处理，直接贴砖，导致墙面附着力不够。

2. 瓷砖铺贴前未浸泡。

防治措施：

1. 涂料施工前，对光滑面进行打磨、拉毛等处理，增强墙面的附着力。如图 3-15 所示。

2. 严格按照墙面瓷砖粘贴工艺流程进行施工：基层处理—找规矩—抹灰—弹线—浸砖—粘贴—勾缝，瓷砖铺贴前，应将瓷砖完全浸泡在干净的水中 30min 以上，直到瓷砖在水中不冒气泡为准。如图 3-16 所示。

图 3-15　墙面处理

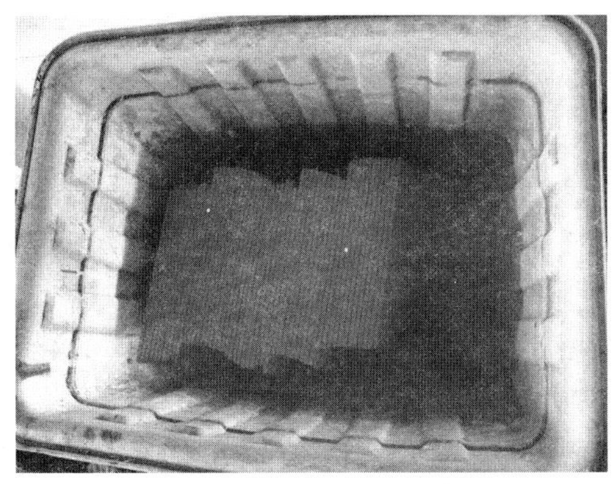

图 3-16　瓷砖浸泡

【问题 176】预制阳台栏杆预埋铁件偏位、遗漏

问题表现及影响：

预制阳台栏杆预埋铁件偏位、遗漏，导致阳台栏杆立杆无法安装，存在安全隐患。如图 3-17 所示。

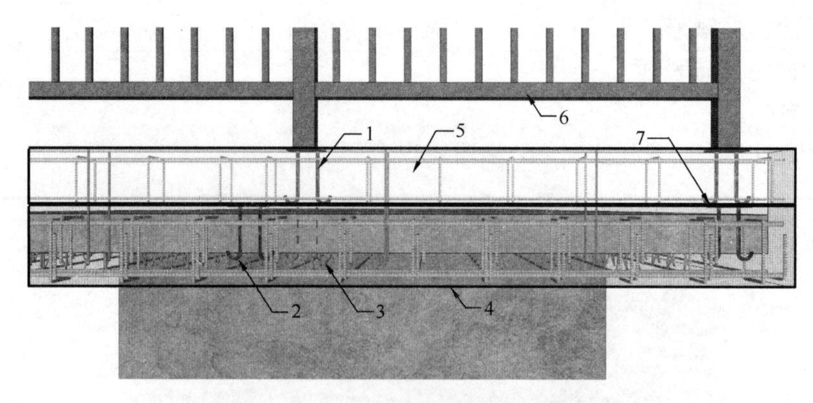

图 3-17　阳台栏杆预埋件偏位、遗漏

1—栏杆连接铁件；2—偏位预埋铁件；3—预埋铁件原位置；4—预制层；5—现浇层；
6—栏杆；7—无偏位预埋铁件连接

原因分析：

1. 工厂生产时，未按要求进行预埋或遗漏。

2. 预制阳台板吊装偏位，且未及时进行校正。

防治措施：

1. PC 构件生产过程加强监督，及时检查；进场前严格验收。

2. 加强吊装精度控制，吊装完成后，必须复核各预埋件位置是否准确。

3. 采用膨胀螺丝固定等其他安全可靠的固定方式。

【问题 177】预埋窗框损坏

问题表现及影响：

预制装配式建筑多采用预埋窗框，但在生产、运输、吊装过程中预埋窗框遭到损坏。

原因分析：

1. 预埋窗框未进行有效成品保护。

2. 窗叶安装过程中工人操作不当，导致窗框损坏。

防治措施：

1. 严格做好成品保护，例如保留木质保护框。

2. 生产运输过程注意保护，防止损坏。

3. 要求工人安装窗叶时不能野蛮施工，注意保护。

【问题 178】卫生间墙底渗水

问题表现及影响：

卫生间墙板底露缝渗水。

原因分析：

1. 墙板吊装施工时，板底未坐浆露缝。

2. 墙板安装后，未进行收口填堵不密实。

防治措施：

1. 针对板底露缝处理，先清扫板底板缝内杂物、浮灰，用拌合好的防水砂浆塞填板底露缝。

2. 针对板底拼缝不密实开裂处理，用电钻和毡子凿除开裂处填缝料，清扫缝内杂物、浮灰，用拌合好的防水砂浆塞填封堵密实。

3. 防水施工前，用防水砂浆在墙角做成钝角或圆弧加强处理。

4. 防水层施工前，做蓄水试验，检查基层处理质量，有无出现渗水情况。如图 3-18 所示。

图 3-18　现场蓄水试验

【问题 179】卫生间反边处渗水

问题表现及影响：

反边结合部位出现潮湿或浸水，导致墙体表层装饰层脱落。

原因分析：

1. 卫生间混凝土反边与现浇楼板面和上部墙体结合不密实。

2. 卫生间排水找坡坡度不够，积水潮气浸湿。

3. 防水层破损开裂。

防治措施：

1. 在墙体浸水面清除表面装饰层，沿浸水口剃成八字形槽口，用促凝胶浆（水泥和促凝剂拌合而成，配合比为 1∶0.9～1∶0.8 之间）封堵。

图 3-19　卫生间 JS 防水涂料施工

2. 清除卫生间板面装饰层，并重新找坡，地面向地漏处排水坡度在 0.5%～2%之间为宜。

3. 卫生间墙体内侧清理表面装饰层后，按如下工序进行：基层表面检查、清理、局部修补—涂刷 JS 防水涂料（底涂）—阴角、阳角等部位做加强处理—涂刷 JS 防水涂料（第一遍）—涂刷 JS 防水涂料（第二遍和第三遍）—做蓄水试验检查验收。如图 3-19 所示。

4. 卫生间反边与楼面混凝土一次性浇筑，避免出现施工冷缝。

5. 楼面卫生间反边不可避免出现二次浇筑时，应确保反边与现浇楼板、墙体底部结合密实。

【问题 180】卫生间选材不合理及构造处理不当

问题表现及影响：

1. 卫生间选用丙纶防水卷材，出现渗漏。

2. 卫生间阴阳角、出结构管道、排水口渗漏。

3. 所选用防水涂料物理力学性能及耐久性差。

原因分析：

1. 卫生间选用卷材防水层，卷材防水层在卫生间等狭小空间施工操作不便，且细部节点密封处理较难。

2. 丙纶防水卷材采用水泥胶浆粘结，操作不当与基层空鼓，后期工序出现空鼓、脱落的质量问题；丙纶防水卷材搭接边采用水泥胶浆粘结，容易出现开裂、翘边的现象；丙纶的耐久性差。

3. 卫生间防水层在阴阳角、出结构管道、排水口等细部节点部位未进行专门加强处理。

4. 选用产品存在颗粒、结块，不方便施工，涂料成膜质量及整体性差。所选用防水产品原材料及生产工艺落后，导致生产出的产品质量不稳定。

防治措施：

1. 卫生间空间比较狭小，细部节点较多，处理较难，故防水材料应选用防水涂料。

2. 防水层在阴阳角、出结构管道、排水口等细部节点处应采用网格布做加强处理，增加细部节点部位防水层的可靠性。如图 3-20 所示。

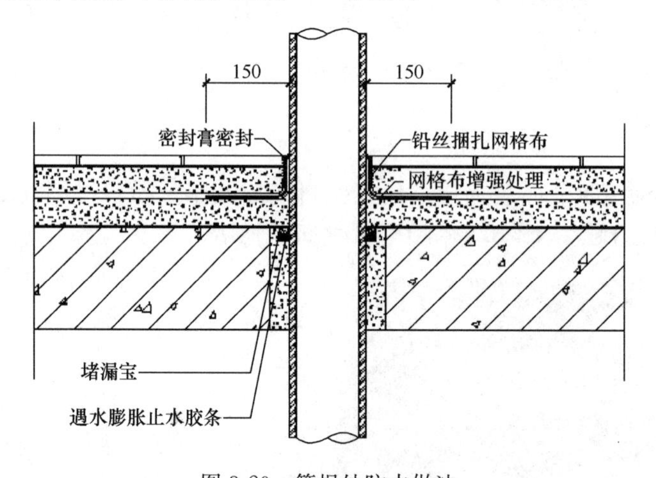

图 3-20　管根处防水做法

注：铸铁管道需打磨除锈，PVC 管道需砂纸打磨增糙。

3. 选用防水涂料色泽纯净，表面匀净，不应有颗粒、结块等现象。推荐采用 1.5mm 厚 SPU-301 单组分聚氨酯防水涂料或 1.5mm 厚 JSA-101 聚合物水泥防水涂料。防水涂料能够与基层满粘，粘结力强；可形成连续的防水涂膜层，无搭接边；细部节点等异型结构处理方便，施工质量容易控制；施工操作简单，对操作工人水平要求较低。单组分聚氨酯防水涂料采用高沸点溶剂，不含苯、甲苯、二甲苯等有毒溶剂，无煤焦油成分；固体含量大于等于 85%，纯聚氨酯组成，良好的橡胶弹性和回弹性；拉伸强度大于等于 2.0MPa，断裂伸长率大于等于 500%，拉伸强度高，抗基层形变（收缩和开裂）能力强，满足结构变形等条件的影响；可与不同基层粘结，在符合要求的基层上可直接施工，粘结强度在 1.0MPa 以上。聚合物水泥防水涂料水性涂料，无毒无害，无污染，绿色安全，环境友好；按物理性能分为Ⅰ型和Ⅱ型，Ⅰ型产品断裂伸长率大于等于 200%，Ⅰ型产品拉伸强度大于等于 1.8MPa，涂膜强度高，延伸率大，对基层收缩和变形开裂适应性强，满足结构变形等条件的影响。

【问题 181】阳台与室内拼接处渗水

问题表现及影响：

预制阳台板拼接位置出现潮湿或渗水。如图 3-21 所示。

原因分析：

1. 阳台板找坡不够，阳台板面积水无法排出。

2. 阳台板找坡后，与外墙板安装拼接缝基本持平，阳台板面积水从拼缝节点向室内渗水。

3. 未按阳台安装节点施工，现场施工遗漏 50mm 企口。

图 3-21　阳台与室内拼接处渗水

防治措施：

1. 在阳台装饰施工时，做好阳台排水找坡，从四周向地漏处排水，放坡坡度 3%～5%，减少阳台板面积水。

2. 清除渗水部位装饰层，在外墙板与阳台板安装水平拼缝内打注聚氨酯防水胶，防止阳台积水从拼缝渗入室内。

3. 现场施工时，阳台板安装完成后加焊 1.5mm 厚、100mm 高止水钢板，并二次浇筑止水反坎。如图 3-22 所示。

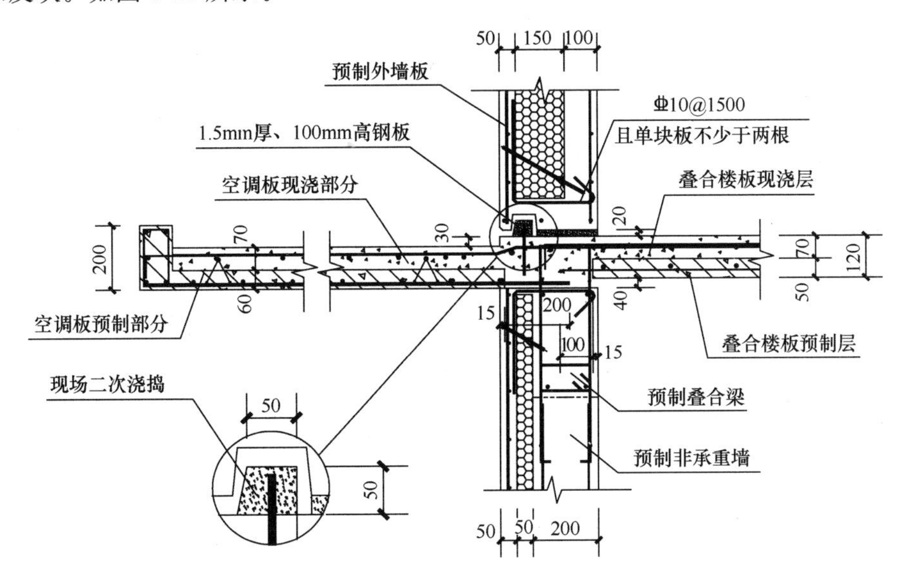

图 3-22　阳台安装节点

【问题 182】整体浴室防水盘上楼搬运困难

问题表现及影响：

主体施工完成后，进入到部件安装阶段，整体浴室防水盘无法从电梯间运输上楼。

原因分析：

土建施工电梯已拆除，整体浴室防水盘只能从电梯间运输上楼，但尺寸过大（如

1.6m×2.4m)，无法进电梯。

防治措施：

1. 当卫生间尺寸过大时，设计阶段可以考虑使用组合防水盘。
2. 在施工电梯未拆除前，将大的防水盘运输到各楼层（注意做好成品保护）。

【问题 183】整体浴室防水盘安装困难

问题表现及影响：

防水盘到达施工现场后，无法搬入卫生间就位，进行排水、排污管件的安装。

原因分析：

1. 土建施工过程精度控制不严，导致卫生间净空尺寸偏小。
2. 给排水预留预埋施工精度控制不严，导致防水盘孔位与现场孔位对不上。

防治措施：

1. 土建施工过程必须严格控制施工精度，整体浴室要求土建地面平整度误差小于5mm，且优先保证卫生间净空尺寸。
2. 土建排水排污的孔洞预留要精确，可事先按防水盘的尺寸制作简易模板，便于施工时参照。

【问题 184】整体浴室防水盘安装倾斜

问题表现及影响：

整体浴室防水盘安装倾斜，导致浴室壁板及天花无法安装到位。

原因分析：

防水盘安装前，未用水平仪测量水平。

防治措施：

1. 若地面不平整或者设计要求带地脚支撑，则用地脚支撑调平；若地面平整且设计没有要求必须带地脚支撑，则直接安装。但都需用水平仪调平。
2. 安装完成后进行复核，确定平整后，再进行下一步工序。

【问题 185】整体浴室预留孔与防水盘孔位不匹配

问题表现及影响：

整体浴室楼板预留孔与防水盘孔位不匹配，导致排污管安装难度增大。

原因分析：

1. 楼板预留孔位存在误差。
2. 防水盘预留孔位存在误差。

防治措施：

1. 施工前做好技术交底，核对楼板与防水盘预留孔位置是否一致。
2. 若楼板预留孔存在误差，可重新开孔，将原孔按规范封堵。
3. 采用横排的方式安装排污管。
4. 在设计时可考虑将浴室范围内的楼板降板250mm以上，采用同层排水方式。

【问题 186】整体浴室门洞和土建门洞位置错位

问题表现及影响：

1. 整体浴室门洞在水平方向的门洞错位。
2. 整体浴室门洞在高度方向存在超过50mm的高差。

3. 影响浴室门框、门套及门页的安装。

原因分析：

1. 设计错误，或装修设计滞后，与土建设计脱节。

2. 施工误差未控制在规定范围内。

3. 防水盘定位时没有兼顾门洞的位置进行调整。

防治措施：

1. 对于选用整体浴室的项目，一定要对与浴室相关的墙体、门洞、给排水做精细化设计；设计应考虑到施工误差，洞口尺寸应在合理范围内适当大于整体浴室门洞。

2. 预制 PC 墙体要严格控制制造、施工精度。

3. 轻质隔墙（如轻钢龙骨石膏板隔墙）可以在装完浴室主体以后再施工。

【问题 187】整体浴室的壁板松动、摇晃

问题表现及影响：

壁板稍用力一推即明显晃动。

原因分析：

1. 安装时，壁板背面的加强筋没有贴紧壁板自带的加强筋，没有起到加强作用。

2. 此侧壁板长度过长。

防治措施：

1. 严格按照安装标准进行操作，杜绝人为造成的隐患。

2. 可在壁板背面事先增加撑杆，使整体浴室壁板与土建墙体局部连接成整体，可有效解决晃动的问题。如图 3-23 所示。

图 3-23 浴室壁板添加背衬

3. 在浴室壁板安装吊柜等比较重的物体时，应事先设计好可靠的安装方案。

【问题 188】整体浴室漏水

问题表现及影响：

整体浴室以外，或周边区域有明显水痕。

原因分析：

1. 整体浴室防水盘的地漏孔、排污孔与管道的连接不密封。

2. 立管区域与浴室区域连在一起，因立管漏水导致整个卫生间区域有水。

防治措施：

1. 防水盘的排水、排污点与外界 PVC 管件之间的连接处一定要擦拭干净，然后再打好 PVC 胶。

2. 做好卫生间内的防水，尤其是立管和整体浴室在同一区域的情况下。

【问题 189】整体浴室防水盘晃动

问题表现及影响：

防水盘安装完后，人踩在防水盘上面有不平感，或会发出撞击地面的响声。

原因分析：

1. 防水盘横排安装时，调解螺栓没有全部着地。

2. 防水盘直排安装时，土建地面不平整。

防治措施：

1. 防水盘安装前的土建地面平整度应不超过 5mm。

2. 安装横排防水盘时，要调整六角螺栓，确保每个螺栓都着地。如图 3-24 所示。

图 3-24 防水盘安装调整

3. 安装直排防水盘时，可在不平处增加薄垫块。

【问题 190】整体浴室内的窗户与土建窗洞不匹配

问题表现及影响：

1. 整体浴室内的窗户洞口小于土建窗洞，尤其是高度上方，更是低于土建窗洞高度。如图 3-25 所示。

图 3-25 窗口露浴室吊顶

2. 内外窗套安装完成后，整体浴室内的窗台高度不大于 800mm，没有达到相关规范要求。

原因分析：

1. 整体浴室壁板高度一般只有 2m、2.2m 几种固定高度，而土建窗洞的高度设计没有考虑到这个因素，窗洞顶高达到或超过了 2.4m。

2. 卫生间区域没有降板，造成防水盘抬高大于等于 100mm，窗台相对防水盘的高度就降低了 100mm。

防治措施：

1. 土建设计要和浴室设计同步进行，减少脱节；在不影响外立面的情况下，建议卫生间窗洞顶部高度控制在 2.1～2.2m 以内。

2. 没有降板的情况下，卫生间窗台高度可比标准抬高 100mm。

【问题 191】整体浴室内的毛巾架、浴巾架等部件松动

问题表现及影响：

浴室内毛巾架、浴巾架稍承重即会不稳固晃动。

原因分析：

安装这些部件的螺钉松动。

防治措施：

在安装螺钉处壁板背面必须预先粘贴垫木。如图 3-26 所示。

图 3-26　螺钉添加固定背衬

【问题 192】整体浴室防水盘面比室内地面高

问题表现及影响：

整体浴室门槛超出室内地面。

原因分析：

卫生间区域没有降板或降板高度不够。

防治措施：

1. 适合降板的情况下，尽量降板。

2. 原则上卫生间的找平层厚度尽可能的薄，能不找平就不要找平，尽量降低内外高差。

【问题 193】整体浴室管井检修不方便

问题表现及影响：

整体浴室封闭区域的管井检修不方便。

原因分析：

1. SMC 墙板单独开检修口，既不美观也不好收口处理。

2. 管井的检修位置与浴室墙板不匹配，低于墙板高度。

防治措施：

管井安装时，检修位置提高到整体浴室天花上方，通过浴室天花检修口在浴室顶部维护、检修。如图 3-27 所示。

图 3-27　浴室顶部检修口

【问题 194】整体浴室内换气不畅

问题表现及影响:

主要针对暗卫，浴室气味难闻。

原因分析:

1. 暗卫没有设置进气口。

2. 整体浴室虽然配置有换气扇，但因相当于密封空间，如果没有进气补偿，换气扇不能正常工作。

防治措施:

设置进气口，或者选择带百叶入户门，或者通过缩短门页高度（浴室门页下端留25～35mm 空间）作为进气口。

第 4 章　机电工程

4.1　电气工程

【问题 195】叠合梁线管预留偏位

问题表现及影响：

叠合梁中预埋的向上（向下）线管与墙板中的竖向线管对接不上（图 4-1），造成线管对接处偏移外露，影响墙面平整度。

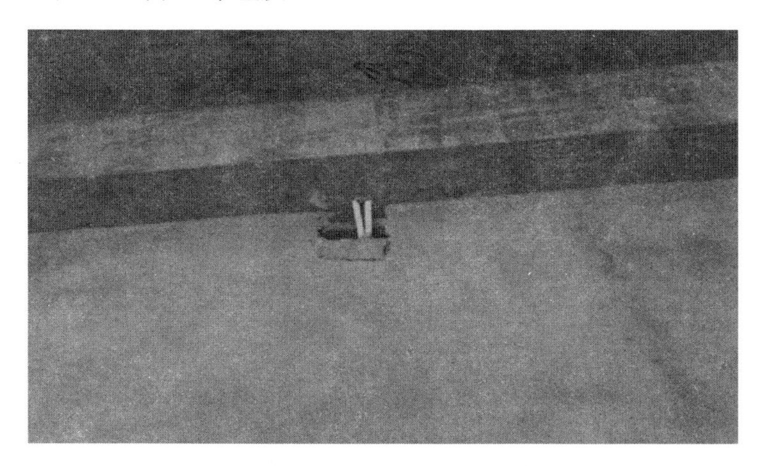

图 4-1　叠合梁线管预留偏位示意

原因分析：

1. 叠合梁吊装反向。

2. 现场施工人员不熟悉图纸及规范要求，没有找准竖向线管所在轴线，当预制梁下的隔墙不在预制梁中轴线上时，穿梁线管预留在预制构件的正确位置上，现场隔墙砌筑时依旧按梁体中轴线砌筑，导致隔墙竖向线管需外露对接预制构件预留孔洞。

防治措施：

1. 现场施工与工厂预留应在工程实施前进行技术交底和对接，确保叠合梁吊装就位后线管不错位。

2. 现场墙板安装应严格按照设计图纸进行。

【问题 196】叠合楼板现浇层预埋线管穿线困难

问题表现及影响：

现浇层内预埋线管穿线困难或者无法穿线（图 4-2），导致后期楼板面需开槽重新布管。

图 4-2　叠合楼板现浇层管线布置

原因分析：

1. 有杂物进入线管。

2. 斜支撑安装使用自攻螺钉固定，导致螺钉损坏线管。

3. 随意在预埋有管线的构件上钻孔。

4. 现场对预埋线管进行组装时，没有考虑转角等弧度问题，导致预埋线管经常出现90°直角，造成现场穿线困难。

防治措施：

1. 线管敷设前，应检查管内有无杂物，敷设后，应及时将管口进行有效的封堵；不应使用水泥袋、破布、塑料膜等物封堵管口，应采用束节、木塞封口，必要时采用跨接焊封口。

2. 使用预埋的环型钩作为固定斜支撑。

3. 不得随意在有预埋线管的楼板（墙板）上钻孔（图 4-3）。

4. 现场施工人员应提前考虑转角弧度问题，使用专用弯管器进行线管的弯折，避免线管出现过度弯折。

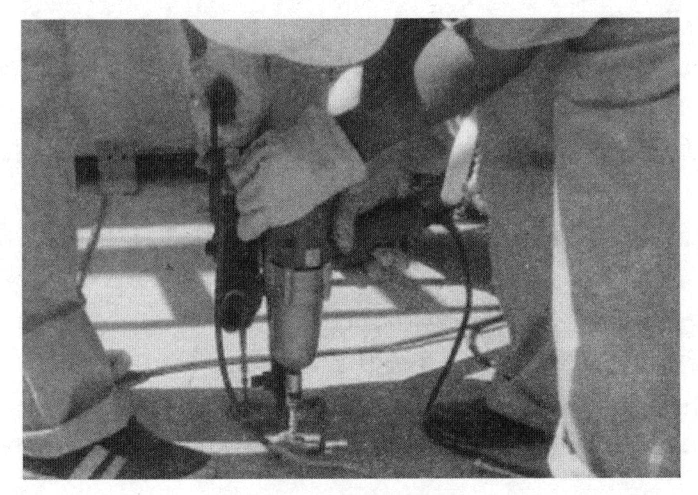

图 4-3　现场楼面引孔

【问题 197】叠合楼板现浇层线管外露

问题表现及影响：

浇筑完混凝土楼面后，预埋的线管露出地面，影响楼板厚度及后期装修。

原因分析：

1. 线管交叉敷设层数过多，导致混凝土无法全部覆盖线管。

2. 线管随意敷设在桁架筋的上层。

3. 线管预留长度偏长，混凝土浇筑时，由于线管受到混凝土的压力产生线管受力变化，导致线管局部凸起。

防治措施：

1. 最多两根线管交叉叠合敷设，不能超过三层（含三层）。

2. 线管应紧贴叠合楼板，并从叠合楼板的桁架钢筋下敷设。

【问题 198】线盒预留错位

问题表现及影响：

灯位、开关、插座的线盒坐标偏移明显，导致后期重新开槽预埋线盒，影响装修质量。

原因分析：

1. 未按照图纸准确预留。

2. 线盒未做好有效固定，现场混凝土浇筑时，受力发生变化，导致线盒移位。

防治措施：

1. 灯位、开关、插座的线盒预埋的坐标应符合设计图纸要求，操作人员在定位时纵向、横向的交叉点要测量准确，考虑到实际施工的偏差，因此要求在上下同一轴线的坐标偏差不应大于 30mm。管线及桥架需要竖向或横向穿越楼板墙板时，应根据管线及桥架的标高及水平位置定位开孔尺寸，桥架的预留开孔尺寸应大于实际桥架截面尺寸 100mm，并确保有足够的安装空间。

2. 在符合规范的前提下，在混凝土振捣前将箱体焊接在对应部位，可以在接线盒后增加铁丝，在振捣前预先绑扎在对应位置；对于预埋水电管线脱落的问题，可以增加“振捣前检查，振捣中观察，振捣后复查”的环节。

【问题 199】防侧击雷钢筋未贯通

问题表现及影响：

防侧击雷接地体没有焊接或搭接长度不够；PC 构件中，需满足防侧击雷设计要求的门套及窗套没有预埋扁钢。导致后期防雷检测时达不到规范及设计要求。

原因分析：

1. 工人没有按照设计及规范要求进行焊接，搭接长度不满足规范要求。

2. 工厂没有按照设计要求同步预埋扁钢。

防治措施：

1. 工人将预制构件中的扁钢与梁的主筋进行搭焊，焊接长度应不小于 6 倍直径且不少于 80mm，双面焊接，焊肉饱满，焊波均匀。

2. 工厂按照设计及图纸要求同步预埋扁钢。如图 4-4、图 4-5 所示。

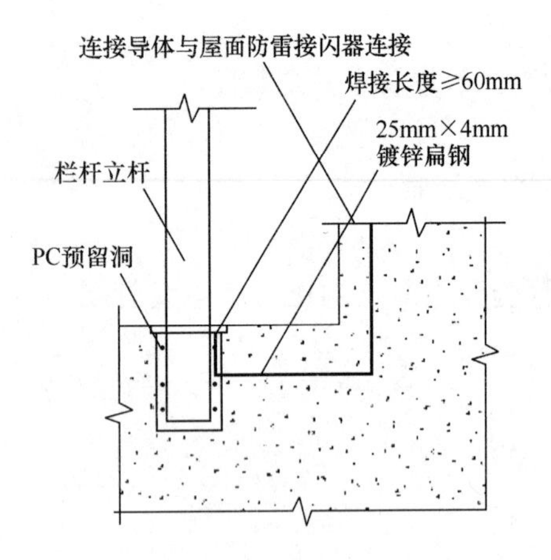

图 4-4　连接导体与屋面防雷接闪器连接

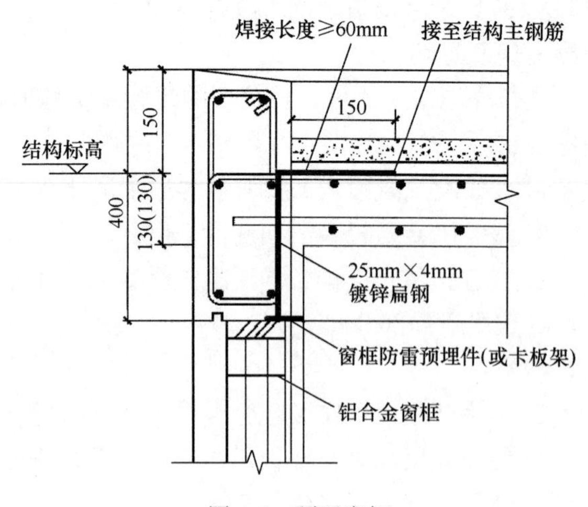

图 4-5　预埋扁钢

【问题 200】空调孔洞与给排水立管相互干涉

问题表现及影响：

对紧贴立管的现浇剪力墙施工时，现场预留空调孔洞与立管穿楼板预留孔洞在同一轴线上，导致后期设备无法安装，影响后续施工进度（图 4-6）。

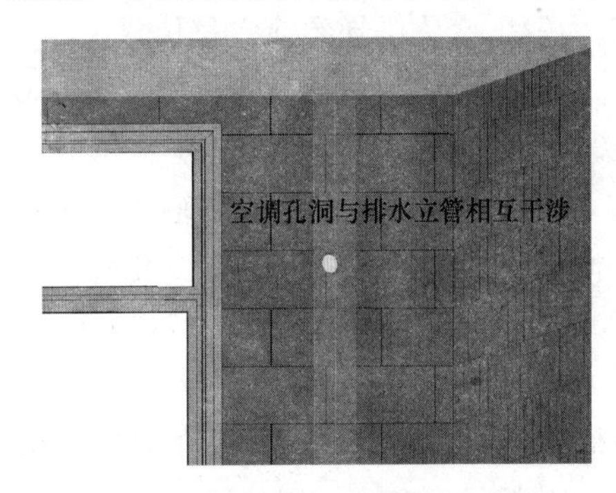

图 4-6　空调孔洞与排水立管相互干涉示意

原因分析：

1. 现场施工人员没有按照图纸准确预留，未考虑空调孔洞与立管的相互干涉问题。

2. 现场施工与工厂预留未在工程实施前进行技术交底和对接。

防治措施：

1. 现场预留施工人员应认真熟悉相关技术图纸，在预留立管及侧墙孔洞时，应注意相邻楼板及墙板的孔洞是否存在碰撞问题。发现存在碰撞隐患时，应及时与设计单位沟通做出相应调整。

2. 现场施工与工厂预留应在工程实施前进行技术交底和对接，当发现立管轴线与横向孔洞碰撞时，应及时组织技术沟通，做出规范允许内的适当微调，规避碰撞。

【问题 201】配电箱线管穿线错乱

问题表现及影响：

当在预制墙的墙体内安装户内配电箱及多媒体箱时，由于线管较多，经常会出现双层甚至少量三层线管并排敷设的问题，由于穿线不当，线路的进出线顺序混乱。

原因分析：

1. 施工人员在穿线过程中未按顺序有序穿线。

2. 施工人员为节省时间，存在将不同回路导线穿进同一根线管的情况。

3. 施工人员在预埋线管时随意插接，未做到合理有序。

防治措施：

现场施工人员按图施工，出现双层线管时，要对照设计图纸合理有序对接线管，线管穿线时，应严格按照施工图的线管穿线；采用不同的标签和颜色对不同回路的管线进行标识。

【问题 202】电气插座与给排水立管相互干涉

问题表现及影响：

对紧贴立管的现浇剪力墙施工时，预留插座与立管楼板预留孔洞在同一轴线上（图 4-7），导致后期插座无法使用。

原因分析：

1. 现场施工人员没有按照图纸准确预留，未考虑插座底盒与立管的相互干涉问题。

2. 现场施工与工厂预留未在工程实施前进行技术交底和对接。

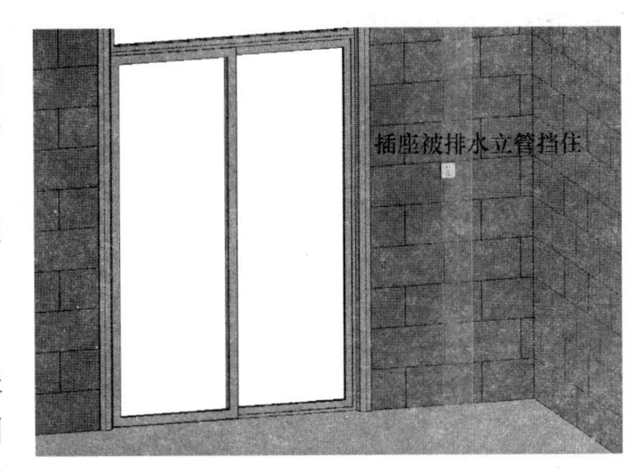

图 4-7　电气插座与给排水立管相互干涉示意

防治措施：

1. 现场预留施工人员应认真熟悉相关技术图纸，在预留立管孔洞时，应注意相邻墙板的插座底盒是否存在碰撞问题。发现存在碰撞隐患时，应及时与设计单位沟通做出相应调整。

2. 现场施工与工厂预留应在工程实施前进行技术交底和对接，当发现立管轴线与墙面底盒相互干扰时，应及时组织技术沟通，做出规范允许内的适当微调，规避碰撞。

【问题 203】局部等电位未连接

问题表现及影响：

户内预制隔墙局部等电位端子箱没有与楼板钢筋连接，导致户内卫生间等场所无法形成局部等电位，造成巨大安全隐患。

原因分析：

1. 端子箱下端预留扁钢没有与楼板钢筋进行焊接，搭接长度不满足规范要求。

2. 预制构件中没有预埋等电位端子箱。

防治措施：

1. 施工工人应严格按照施工图纸施工，发现问题及时对接设计单位，在不影响结构安全的基本原则下开槽连接。

2. 施工单位与工厂预埋应提前进行技术交底和沟通，在预制构件生产时，同步预埋等电位端子箱的接地连接钢筋。

【问题 204】预埋线管对接口松脱

问题表现及影响：

叠合楼板（或叠合梁）与墙板中预留的线管对接完成后，连接部分出现松脱，导致线管穿线困难。

原因分析：

1. 施工过程中线管的连接部分没有对接牢固。

2. 线管对接时，弯管轴线偏移，管口对接处不顺直且受力不匀。

防治措施：

施工工人应严格按照施工工艺标准进行管线对接，线管不应有折扁、裂缝，管内无杂物，切断口应平整，管口应刮光，线管的连接应采用胶水粘结。禁止用钳将管口夹扁、拗弯，当对接孔有一根以上的线管时，线管不应并排紧贴预埋，如施工中很难明显分开，可用小水泥块将其适当隔开。

【问题 205】卫生间排风口与外挂板预留孔洞偏位

问题表现及影响：

卫生间排气扇的排风口与外挂板预留排风孔洞出现定位偏差（图 4-8）。

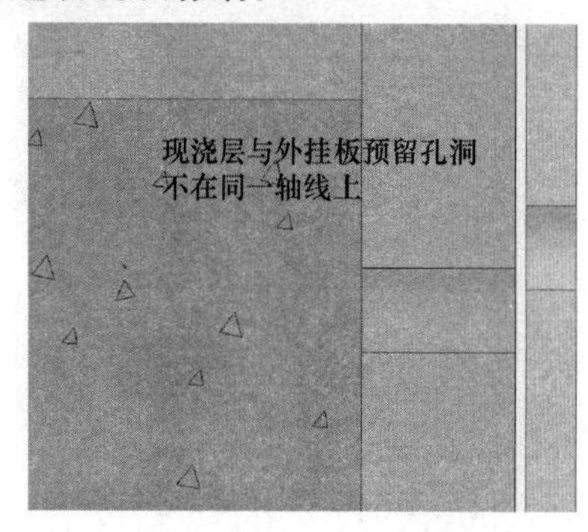

图 4-8 排风口与外挂板预留孔洞偏位示意

原因分析：

施工人员未按照图纸施工，没有预先定位外挂板预留孔洞的位置。

防治措施；

施工人员应按照图纸施工，对照预制外挂板留出排风孔洞的位置，现场预先砌筑时，确定排风孔洞的位置。

【问题 206】测试端子箱与接地钢筋对接偏位

问题表现及影响：

外挂板上的预留接地测试端子箱与墙内钢筋预留点位没有进行对接。

原因分析：

施工人员未按照图纸施工，没有在接地测试端子的连接钢筋处预先定位。

防治措施：

施工人员应按图施工，根据预制外挂板上接地测试端子箱的位置，现浇过程中准确预留接地的钢筋伸出点。

【问题 207】转换层预埋线管对接偏位

问题表现及影响：

首层预埋线管与吊装的墙板内的线管无法有效连接，导致首层铺设需要返工。

原因分析：

施工人员在对首层线管预埋时，没有按照图纸中的线管定位进行预埋。

防治措施：

施工人员应按图施工，根据图纸中的轴线标注，定位每根线管的出管位置，并采取固定措施，确保与墙板内的线管实现有效连接。

【问题 208】现浇层镀锌线管连接缺陷

问题表现及影响：

现场工人采用焊接方式连接镀锌薄皮线管，进而堵塞线管。

原因分析：

现场工人没有严格按照设计说明施工，采用焊接方式对预埋钢管进行连接后，由于管壁较薄，焊缝两边出现透气小孔，在现浇混凝土的压力下，混凝土会沿着孔洞堵塞整个线管。

防治措施：

严格按照设计说明施工，采用丝扣连接的方式连接预埋钢管，并在两边做卡子跨接地，导线截面不能小于 $4mm^2$ 的铜芯软线。

【问题 209】线管离楼板表面太近，造成保护层不足

问题表现及影响：

线管没有穿过桁架钢筋底部，造成线管的保护层不足，进而导致地面顺着线管方向出现裂缝。

原因分析：

1. 现场对线管预埋时从桁架钢筋顶部穿过，地面面层在线管处过薄，地面内线管受压后，产生应力集中，使地面沿线管出现裂缝。

2. 公共部位线管预埋排列过密，导致桁架钢筋底部的穿管空间不足。

防治措施：

1. 现场施工应严格按照要求，线管统一预埋至桁架钢筋底部。

2. 严格按照《电力工程电缆设计规范》GB 50217—2007 中的线管间距进行预埋。

【问题 210】防雷引下线没有贯通

问题表现及影响：

防雷引下线焊接不到位；剪力墙设计成 PC 构件时，利用受力钢筋作为引下线，没能确保连接的连续性。导致后期进行防雷检测时达不到规范及设计要求，重新埋设镀锌扁钢作为引下线。

原因分析：

1. 工人没有按照设计及规范要求进行焊接，搭接长度不满足规范要求。

2. 剪力墙设计成 PC 构件时，因受力钢筋的连接，无论采用套筒连接还是浆锚连接，都不能保证连接的连续性。

防治措施：

1. 保证钢筋的焊接长度不小于 6 倍直径且不少于 80mm，双面焊接，焊肉饱满，焊波均匀。

2. 剪力墙设计成 PC 构件时，不能将钢筋作为防雷引下线，应埋设镀锌扁钢作为防雷引下线，镀锌扁钢尺寸不小于 25mm×4mm。在预埋防雷引下线的构件中，构件中的扁钢要探出接头，引下线在现场焊接连接成一体，焊接点要做防锈处理。

【问题 211】电缆桥架、线槽安装不规范

问题表现及影响：

电缆桥架及线槽的配件采用现场加工生产，外形不美观，且质量得不到保证。

原因分析：

1. 电缆桥架、线槽的三通、弯头等配件不是标准配件，而是采用现场加工件，且制作质量低劣。

2. 桥架、线槽接地不规范。

防治措施：

1. 现场专业工长应仔细分析图纸，充分考虑现场情况，提出准确、详细的材料计划。

2. 制定切实可行的接地跨接方案。镀锌桥架的接地宜采用桥架连接片处螺栓加弹簧垫片的形式，喷塑桥架的接地宜在材料订货时，要求生产厂家制作好专用的接地端子。

【问题 212】桥架螺栓在板缝处松脱

问题表现及影响：

安装在板缝处的膨胀螺栓出现松动或松脱现象，造成设备桥架、风管没有形成有效的水平紧固，后期使用过程中出现震动和异响现象。

原因分析：

因板缝应力发生变化，膨胀螺栓的膨胀鼓包未紧贴周边建筑材料形成有效的紧固。

防治措施：

避开板缝处安装膨胀螺栓，安装完毕后检查是否牢固，靠近板沿处是否出现裂纹或松脱迹象。

【问题 213】线管并管

问题表现及影响：

在分户配电箱、多媒体箱处和管线密集处容易出现多根 PVC 管并列敷设的情况，线管之间没有预留合理间隙，影响后期与预制墙板中的线管对接。

原因分析：

线管数量较多，安装空间狭小，安装作业不细致。

防治措施：

预埋时注意预留一定间距，同步进行跟踪检查，发现并管时，立即进行现场整改。

4.2 给排水消防工程

【问题 214】竖向管道安装偏位

问题表现及影响：

预留孔洞偏位，管道安装位置偏位，造成排气不通，流水不畅。

原因分析：

预制叠合楼板孔洞预留尺寸、位置不对，造成竖向管道安装偏位。

防治措施：

根据图纸及施工现场将孔洞的尺寸大小、位置正确预留，保证在同一竖向垂直轴线。拼缝处打胶时做好保护措施。

【问题 215】排水管道堵塞

问题表现及影响：

排水管道有杂物，造成排水不畅，严重影响使用（图 4-9）。

原因分析：

管道安装过程中没有及时封堵严密，造成碎砖块、木条、水泥砂浆等杂物掉入管道中。卫生器具安装前未认真清除管道内的杂物。卫生器具安装后未做好成品保护，使水泥浆从浴缸、水盆等处流入管道。埋地排水管道90°弯头使用配件不当，造成转弯阻力过大。

图 4-9　排水管道堵塞

防治措施：

施工中对留出的管口应封堵严密，避免杂物掉入管道。卫生器具安装前应认真检查，及时清除管道内杂物。卫生器具安装后应及时对产品进行成品保护，尤其是坐便器、浴缸等易受人为因素影响的部位。排水立管在埋地转弯处不宜使用90°弯头，应用2个45°弯头，以增大弧度，使排水畅通。竣工验收前，施工企业应按规定对排水管道进行通球试验，确保管道畅通。

【问题 216】消防管道套管预留不准

问题表现及影响：

在预制构件中，消防套管未留或者位置预留不准（图 4-10）。

图 4-10　消防管道套管预留偏位

原因分析：

工厂制作预制构件时遗漏套管或者未根据图纸预留套管。

防治措施：

熟悉图纸，根据图纸及实际要求，及时沟通设计方及工厂，对需要穿过预制构件的消防管道正确预埋套管，并在套管周围加筋加固。

【问题 217】隔墙板底下坐浆未避开预留线管

问题表现及影响：

砂浆将线管堵塞，导致后期穿线困难。

原因分析：

1. 隔墙板底下坐浆前，未将预留管线事先绑扎在对应位置上。

2. 隔墙板吊装、下落后，碰撞预留管线，并压入砂浆内。

防治措施：

1. 将端口被封堵的线管切割后，重新对线管进行拼接。

2. 铺设水泥砂浆前，应封堵隔墙板下预留管线端口，避开隔墙板下落位置（图 4-11）。

图 4-11　隔墙板底下坐浆避开预留线管

【问题 218】预制构件给水管槽预埋位置不准确

问题表现及影响：

预留给水管道管槽、套管位置不正确，影响后期安装，需重新对预制构件开槽打洞。

原因分析：

1. 缺乏对施工方案的了解，施工前的各项工作准备中，未考虑到管道穿越楼板或墙体套管问题。

2. 土建与安装配合不到位，墙体施工时预留套管出现移位、遗漏情况。

防治措施：

1. 施工前对工人进行交底，确定管道穿越楼板或墙板位置。

2. 在进行构件的拆分和制作时，应当结合水暖设计施工进行相应的预埋管槽、套管的预留，保证位置精准。

【问题 219】螺栓开孔过深，外挂板开裂

问题表现及影响：

用于固定外立面立管的法兰螺栓打孔太深，可能引起安装不稳，带来后期隐患。

原因分析：

现场施工人员未按照施工工艺要求操作，钻孔的深度不符合要求。

防治措施：

用于螺栓固定的孔洞深度应符合施工工艺要求，钻孔深度不超过墙板外叶厚度。

【问题 220】卫生间排气孔洞区域雨水内渗

问题表现及影响：

卫生间的排风扇孔洞出现雨水渗透现象。

原因分析：

排气孔洞往外伸出部分未采取防水措施，雨水沿排气孔穿过外挂板，渗透到卫生间的外墙内侧部分。

防治措施：

在排气孔洞伸出立面的管口添加防水风帽（图 4-12），利用重力因素，使雨水通过防水风帽的下沿自然滴落，防止雨水沿排气孔洞内渗至外墙内侧。

图 4-12　防水风帽

【问题 221】预制构件中预埋套管与管道不配套

问题表现及影响：

因工厂未分清产品规格型号，下错采购计划，或是在工厂预埋时埋错，造成后期安装时返工。

原因分析：

未按设计要求预埋套管。

防治措施：

熟悉常见预制装配式建筑中套管产品分类：(1) 排漏宝系列产品，主要用于排水立管上，产品特征为，上口大下口小，有可调节偏差的组合件；(2) 预埋套管系列产品（又称止水节）主要用于排水支管上，产品特征为，上下口径一致（75mm×50mm 洗衣机地漏除外），无可调节偏差的组合件；(3) 其他异形产品，此类产品一般都是为简化安装与材料而设计的产品，如加长伸缩节、一体式伸缩 H 管、伸缩三通等。

【问题 222】管道脱节脱胶

问题表现及影响：

管道上伸缩节位有脱节脱胶现象，造成漏水。

原因分析：

伸缩长度不够。

防治措施：

采用加长款的伸缩节，一般管道厂家的伸缩距只有 8cm，必须采用伸缩距超过 12cm（总长 16cm）以上的伸缩节。

【问题 223】预制装配式建筑物使用排漏宝时，出现少量渗漏现象

问题表现及影响：

工地现浇混凝土的厕所位置出现少数渗漏现象。

原因分析：

现浇混凝土振捣不密实（部分工地的厕所采用现场浇注）。工厂预制部分因振动强度相当大，不会出现振捣不密实，造成空鼓。

防治措施：

工地现场预埋现浇混凝土时，一定加强边角及有预埋件位置的振捣。

【问题 224】预埋套管现场施工被损坏

问题表现及影响：

现场的预埋件有损坏，没有及时处理好，后期有渗漏。

原因分析：

没有做好成品保护，加之工地现场施工人员较多，各种设备工具多，产品材质为 PVC，易发生损坏。

防治措施：

预制件安装完后，应及时检查产品防浆盖（图 4-13）是否盖好，有二次浇注的位置在浇注完后同样要检查。如在后期安装管道时发现产品损坏，应当及时凿出并更换新产品（此时吊模补洞一定要将周边凿毛，并分两次补洞）。

图 4-13　防浆盖

【问题 225】预制空调板上套管预埋烦琐

问题表现及影响：

空调板上空间狭小。

原因分析：

空调板上既装有雨水管套管，又装有排水地漏，导致后期安装烦琐，施工不便。

防治措施：

使用排漏宝（图 4-14）代替套管和简易地漏。

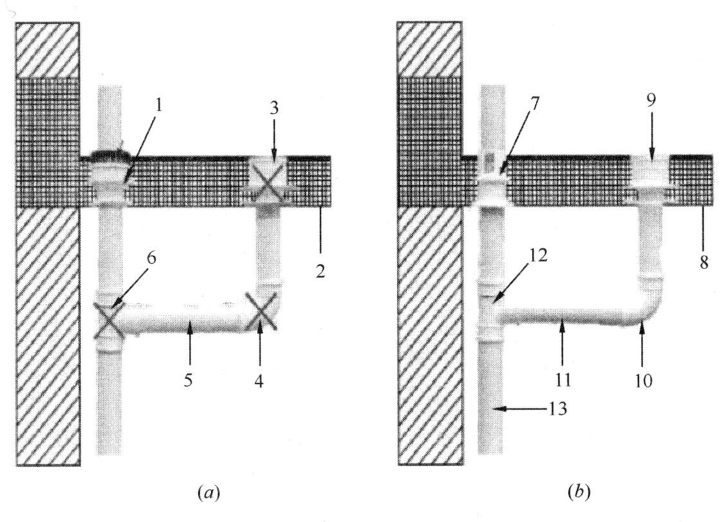

图 4-14　预制空调板与传统工艺安装对比

（a）预制空调板 PLB 排漏宝安装示意；（b）传统工艺安装示意

1—PLB 排漏宝；2—混凝土楼板；3—简易地漏；4—弯头；5—支管；6—三通；7—立管套管；8—混凝土楼板；9—简易地漏；10—弯头；11—支管；12—三通；13—主立管

【问题 226】排漏宝无法正常排水

问题表现及影响：

排漏宝上用作排水用的简易地漏被杂物堵住，无法正常排水。

原因分析：

土建施工完成后，留下的大量杂物堵住了排水口，并且没有清理，导致无法正常排水。

防治措施：

在安装排漏宝时，在排漏宝上安装密封条（图 4-15），以防堵塞，在土建工程完工后，确认排漏宝上无杂物，并清理干净，方可拔除胶条。

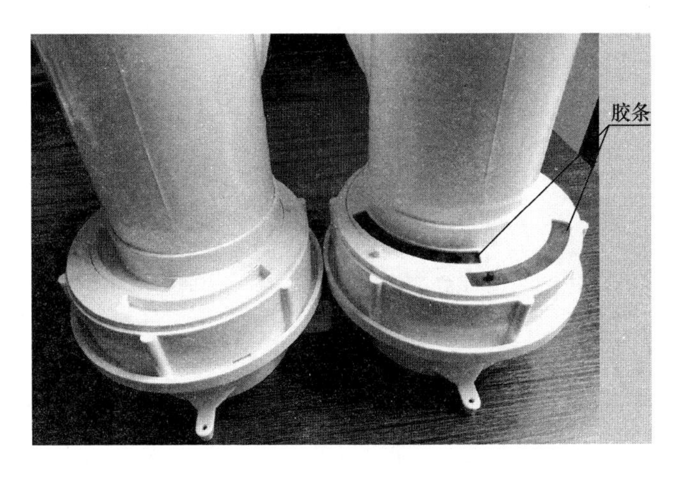

图 4-15　排漏宝上安装密封条

【问题 227】金属管道安装缺陷

问题表现及影响：

锯管管口不齐，套丝乱扣；管口有毛刺；管道弯曲半径太小，有扁、凹、裂现象。

原因分析：

1. 施工人员在手工操作时，未扶直锯架，锯条没有保持平直。

2. 施工人员没有按照规格、标准调整绞板的活动刻度盘，板牙不符合需要的距离；或者是板牙掉齿、缺乏润滑油。

3. 施工人员在锯管后未用锉刀光口。

4. 施工人员对金属管道煨弯时，出弯过急。

防治措施：

1. 锯管时人要站直，操作时扶直锯架，使锯条保持平直，手腕不能颤动。

2. 使用套丝板时，应先检查丝板牙齿是否符合规格、标准，套丝时应边套丝边加润滑油。焊接钢套丝时，则应先调整绞板的活动刻度盘，使板牙符合需要的距离，用固定螺丝固定，再调整绞板上的三个支脚，使其紧贴管道。

3. 管子煨弯时，应使用定型煨弯器，操作时，先将管道需要弯曲部位的前段放在弯管器内，管道的焊缝放在弯曲方向的背面或旁边，弯曲时逐渐向后方移动弯管器，使弯管弯成所需的弯曲半径。

第 5 章　施工组织与管理

【问题 228】现场吊装与工厂构件运输不协调

问题表现及影响：

现场构件吊装中断或间隔式吊装，影响吊装进度。

原因分析：

现场吊装顺序与工厂配送顺序不一致。

防治措施：

1. 在施工策划阶段，根据流水施工段、工艺节点编制合理的吊装顺序。

2. 现场施工吊装顺序与工厂生产对接，由工厂编制合理的生产、装车运输顺序，并与项目施工管理部核对。

3. 施工现场周、天、半天 PC 需求计划调整应与 PC 生产工厂及时协调，保证运输车辆准确及时。如表 5-1 所示。

东城佳苑 12/13/15/18/20/21 栋 1～17 层墙板/楼梯装车顺序　　表 5-1

	类型	长（mm）	宽（mm）	高（mm）	数量	体积	单块重量（t）	吊装顺序
1001.0412.0117.009	一层外挂板	750	2960	160	1	0.24	0.61	1
1001.0412.0117.050	一层外挂板	2000	2960	160	1	0.65	1.63	2
1001.0412.0100.005	一层外挂板	2650	2960	160	1	0.64	1.60	3
1001.0412.0110.004	一层外挂板	4750	2880	160	1	0.84	2.09	4
1001.0412.0100.042	一层外挂板	3950	2960	160	1	1.29	3.22	5
1001.0412.0100.012	一层外挂板	7000	2960	160	1	1.64	4.10	6
1001.0412.0100.002	一层外挂板	4750	2880	160	1	0.84	2.09	7
1001.0412.0100.001	一层外挂板	2650	2960	160	1	0.64	1.60	8
1001.0412.0117.033	一层外挂板	2000	2960	160	1	0.65	1.63	9
1001.0412.0117.008	一层外挂板	860	2960	160	1	0.28	0.70	10
1001.0412.0117.034	一层外挂板	3560	2960	160	1	1.16	2.90	11
1001.0412.0110.015	一层外挂板	3860	2960	160	1	0.92	2.30	12
1001.0412.0110.035	一层外挂板	3020	2960	160	1	0.71	1.76	13
1001.0412.0117.019	一层外挂板	2080	2960	160	1	0.68	1.69	14
1001.0412.0117.036	一层外挂板	3960	2960	160	1	1.29	3.22	15
1001.0412.0110.021	一层外挂板	5580	2960	160	1	1.39	3.47	16

【问题 229】吊装施工组织不合理

问题表现及影响：

吊装施工组织混乱，影响构件安装进度。

原因分析：

1. 吊装施工程序错乱。

2. 现场吊装施工混乱，施工前未做详细的工艺技术交底。

防治措施：

1. 每个构件安装应按挂钩—起吊—吊运—落位—校正—固定—取钩程序一次成型。

2. 对操作人员进行吊装工艺培训，现场做好班前技术交底，确保每个吊装施工班组对构件安装工艺节点清楚明了。

【问题 230】吊装人员分工不明确

问题表现及影响：

吊装作业时，工人操作扎堆或人员不足，影响施工进度，易造成安全隐患。

原因分析：

未根据吊装操作步骤，合理安排各步骤人员。

防治措施：

一个吊装班组安排 6～7 人，按照操作步骤划分工作：挂钩（1 人），吊运（指挥 1 人），扶板落位（2 人），安装支撑（2 人），调整（扶板的 2 人），取钩（安装支撑的 2 人），连接件安装（1 人），总共 7 人。

【问题 231】吊装施工操作难度加大

问题表现及影响：

钢筋、模板工序提前进入，影响现场吊装施工。

原因分析：

1. 外墙板吊装前，外剪力墙钢筋已经绑扎，由于钢筋的阻隔，斜支撑、连接件无法安装。

2. 内墙板吊装前，剪力墙钢筋已经绑扎，模板已经安装，造成内墙板暗梁钢筋与剪力墙暗柱钢筋碰撞，墙板无法落位。

防治措施：

竖向构件施工开始前，根据各个工序的操作步骤，合理安排施工工序。一般情况下，同一工作面内，吊装作为第一道工序，等吊装完成后，方可进行下一道工序。水平构件施工开始前，应将支撑搭设根据吊装顺序提前完成一部分。

【问题 232】浇筑混凝土时，塔式起重机闲置

问题表现及影响：

浇筑混凝土时塔式起重机闲置，塔式起重机未得到充分利用，增加施工成本费用。

原因分析：

当项目装配率较高时，如混凝土浇筑选择汽车泵或输送泵浇筑混凝土，造成塔式起重机闲置。

防治措施：

根据预制装配式建筑的特点，混凝土一般在晚上浇筑，因其楼板采用叠合板或采用预制剪力墙，其现浇混凝土量较少（一般 $60m^3$ 左右），选择汽车泵或输送泵浇筑与塔式起重机浇筑，工作面提供时间基本相同，因此可选择塔式起重机浇筑混凝土，既可充分利用塔式起重机工作时间，也可避免租赁天泵或安装地泵所需费用增加。

【问题 233】构件准备计划混乱

问题表现及影响：

出现无构件可吊装，或构件堆积太多，影响现场施工。

原因分析：

现场未与工厂有效沟通协调，或者收货安排停放位置不正确。

防治措施：

现场需求计划应和工厂及时沟通，每天反馈现场安装进度，报备需求计划。根据每天完成情况制定“3+1”滚动计划表。如表 5-2 所示。

“3+1”滚动计划 **表 5-2**

	12月2日	12月3日	12月4日	12月5日
A项目3栋	第4层墙板第3车（上午）	第4层墙板第4车（下午）	第5层楼板第1～4车（上午）	…
A项目4栋	第2层楼板第1～2车（上午）	第2层楼板3～4车（下午）	第2层墙板第1～2车（上午）	…
A项目5栋	第10层楼梯到齐（下午）	第11层楼板1～2车（上午）	第11层楼板3～4车（上午）	…
A项目6栋	第9层墙板第3～4车（下午）	第10层楼板1～2车（上午）	第11层楼板3～4车（上午）	…
……	……	……	……	…

“3+1”滚动计划，当日（12月1日）提交未来3天的预计要货计划，其中次日（12月2日）为准确的要求计划，确定后不能变动；其他2日为预计要货计划（表格中12月3日，12月4日），在下一日（12月2日）报“3+1”滚动计划（12月3日、4日、5日）时，可在前一日的计划上做调整，调整原则为，只可减少或者等于，不能增加。

“3+1”滚动计划作用：(1) 指导生产导向，当项目过多，工厂产能到达极限时，没有场地或者没有产能制造库存，这时工厂只能根据工地未来几天实际的需求计划进行生产；(2) 指导物流和品质，根据“3+1”计划进行备货、备车，确保工地在要货节点上构件齐全，同时，根据“3+1”发货计划，提前进行成品再次检验，确保物流发货时，所需构件全部满足发货条件。

构件发货到现场，完成验收后，指挥挂车停放在相应位置。

【问题 234】首层构件生产后，未经多方确认

问题表现及影响：

首层构件生产后，未经相关各方确认，工厂继续大规模生产构件，造成构件浪费。

原因分析：

1. 预制装配式建筑特点之一是 PC 构件需提前生产储备。

2. 首层构件生产后，未组织建设方、设计方、监理方、构件工厂进行构件确认。

3. PC 构件作为建筑主体的重要组成部分，每个构件具有单一性，一旦生产后，将无法更改。

防治措施：

1. 首层构件生产完成后，应组织相关各方进行验收；当参建各方达成一致后，方可大批量生产。

2. 后续如需变更，提前通知工厂调整生产。

【问题 235】吊装施工安全管理不到位

问题表现及影响：

工人危险操作、野蛮施工；构件安装时，挂钩位置错误、构件加固不到位、其他工种随意拆除构件相关支撑等，易造成安全事故。

原因分析：

未进行安全教育培训及交底，操作工人不熟悉相关施工工艺及安全事项，未具备相关安全知识。

防治措施：

1. 吊装施工工人配备有效安全措施：安全带、防坠器、防滑鞋、手套等安全保障措施。

2. 针对预制装配式建筑安装作业的施工工艺及安全技术要求，进行系统的培训，明确预制构件吊装、就位各环节的作业风险，并制定防止危险情况的措施。

3. 针对预制装配式建筑施工作业各个环节的安全操作规程，指定专人监督、检查。

4. 吊装作业区域设置临时隔离带、安全警示标语，并派专人看管，严禁与安装作业无关人员进入吊装危险区域。

5. 定期对预制构件吊装作业所用的安装工器具进行检查，发现存在使用风险的，立即停止使用并更换。

【问题 236】预制装配式建筑项目管理未安排专职 PC 管理员

问题表现及影响：

项目部管理人员分工不明确，未安排专职 PC 管理员统一管理，造成现场施工组织混乱。

原因分析：

1. 现场不具备大量储备构件的场地，且每栋建筑施工进度不同，构件需求计划也不同。

2. 预制构件作为预制装配式建筑组成的主要部分，预制构件的质量直接影响到建筑的主体质量。

3. 未配备专职管理人员负责专项工作，一人身兼数职，管理人员管理不到位。

防治措施：

根据企业自身管理体系及建筑体量，设置管理岗位，配备专业管理人员。与传统工程相比，预制装配式建筑应当针对计划一调度、构件进场质量一验收配备专职人员：计划一调度，该岗位强调计划性，按照计划与 PC 工厂衔接，对现场作业进行调度；质量一验收，对 PC 构件进场进行检查，对前道工序质量和可安装性进行检查，该岗位应熟悉 PC 构件出厂标准、PC 施工材料检验标准和施工质量标准。

【问题 237】竖向构件结构性能检测意见不统一

问题表现及影响：

参建各方对预制墙板、柱等竖向 PC 构件进场验收时是否要做结构性能检测意见不统一，造成工程备案资料滞后。

原因分析：

执行规范不统一或规范要求不明确。

防治措施：

统一验收规范，根据《混凝土结构工程施工质量验收规范》GB 50204—2015 中相关规定，对预制剪力墙、预制柱的验收可理解为：

1. 不做结构性能检验。

2. 首选监理单位进厂监造。

3. 无监造的可进行结构实体检测。

【问题 238】叠合板、梁结构性能检测意见不统一

问题表现及影响：

参建各方对预制钢筋桁架叠合板、叠合梁进场验收时是否要做结构性能检测意见不统一，造成工程备案资料滞后。

原因分析：

执行规范不统一或规范要求不明确。

防治措施：

统一验收规范，根据《混凝土结构工程施工质量验收规范》GB 50204—2015 中相关规定：

1. 由设计规定是否做、怎么做。

2. 如设计无要求，《桁架钢筋混凝土叠合板（60mm 厚底板）》15G366—1 和《预制带肋底板混凝土叠合楼板》14G443 两本图集中均规定，叠合板不做结构性能检验，采用首选监理监造或实体检验的方式。

【问题 239】灌浆套筒连接接头现场无法取样

问题表现及影响：

因灌浆套筒已预埋在 PC 构件中，现场无法取样。

原因分析：

因灌浆套筒作为 PC 构件的组成部分，应按 PC 构件进厂报验的方式，由生产工厂提供检测资料。

防治措施：

由于灌浆套筒连接接头是国内刚推广采用的一种新型的钢筋机械连接方式，在《混凝土结构工程施工质量验收规范》GB 50204—2015 中对普通钢筋接头的取样方式无法实现。目前只能参考《钢筋套筒灌浆连接应用技术规程》JGJ 355—2015 中的检测办法：7.0.2 条规定“工程应用套筒灌浆连接时，应由接头提供单位提交所有规格接头的有效型式检验报告”；7.0.6 规定“灌浆套筒进场时，应抽取灌浆套筒并采用与之匹配的灌浆料制作对中连接接头试件，并进行抗拉强度检验，检验结果应符合本规程第 3.2.2 条的有关规定”；7.0.7 条规定“接头试件应模拟施工条件，并按施工方案制作”。

因此：

1. 接头的型式检验报告应由厂家提供。

2. 接头制作应在工厂完成并模拟施工条件，由第三方检测机构来检测连接接头工艺参数，并出具实验报告。

【问题 240】装配式混凝土结构子分部验收时资料不全

问题表现及影响：

《混凝土结构工程施工质量验收规范》GB 50204—2015 中对装配式混凝土结构子分部

工程验收规定不全，资料整理时无统一标准。

原因分析：

2017 年 6 月 1 日《装配式混凝土建筑技术标准》GB/T 51231—2016 正式实施前，无国家统一标准，各地要求不统一。

防治措施：

《装配式混凝土建筑技术标准》GB/T 51231—2016 中明确，装配式混凝土结构子分部工程验收时，除符合国家现行标准《混凝土结构工程施工质量验收规范》GB 50204—2015 的要求外，还应提供：

1. 预制构件安装施工图和加工制作详图。

2. 预制构件、主要材料及配件的质量证明文件，进场验收记录、抽样复检报告：

（1）预制构件安装施工记录；

（2）钢筋套筒灌浆，浆锚搭接连接的施工记录；

（3）后浇混凝土部位的隐蔽工程检查记录；

（4）后浇混凝土、灌浆料、坐浆材料强度检测报告；

（5）外墙防水施工质量检查记录；

（6）装配式结构分项工程质量验收文件；

（7）装配式工程的重大质量问题的处理方案和验收记录；

（8）装配式工程的其他文件记录。

参考文献

[1] 国家标准. 混凝土结构工程施工质量验收规范 GB 50204—2015[S]. 北京：中国建筑工业出版社，2015.

[2] 公司标准. 混凝土叠合楼盖装配式建筑施工及质量验收规范 QB/YDSG 004—2013[S].

[3] 行业标准. 装配式混凝土结构技术规程 JGJ 1—2014[S]. 北京：中国建筑工业出版社，2014.

[4] 地方标准. 混凝土装配-现浇式剪力墙结构技术规程 DBJ 43/T 301—2015[S]. 长沙：湖南科学技术出版社，2015.

[5] 地方标准. 混凝土叠合楼盖装配整体式建筑技术规程 DBJ 43/T 301—2013[S]. 长沙：湖南科学技术出版社，2013.

[6] 中国建筑标准设计研究院，桁架钢筋混凝土叠合板(60mm 厚底板)15G366—1[S]. 北京：中国建筑标准设计研究院，2015.

[7] 中国建筑工程总公司，建筑防水工程施工工艺标准[M]. 北京：中国建筑工业出版社，2003.

[8] 中国建设教育协会，运大住宅工业集团股份有限公司. 预制装配式建筑施工要点集[M]. 北京：中国建筑工业出版社，2017.